住房城乡建设部土建类学科专业“十三五”规划教材
高等学校建筑环境与能源应用工程专业推荐教材

建筑能源管理

丁 勇 张华玲 魏庆芃 钱 华
田 喆 高亚锋 喻 伟 编著

中国建筑工业出版社

图书在版编目（CIP）数据

建筑能源管理 / 丁勇等编著. — 北京 ：中国建筑工业出版社，2021.5

住房城乡建设部土建类学科专业“十三五”规划教材 高等学校建筑环境与能源应用工程专业推荐教材

ISBN 978-7-112-25761-4

Ⅰ. ①建… Ⅱ. ①丁… Ⅲ. ①建筑一能源管理一高等学校一教材 Ⅳ. ①TU111.4

中国版本图书馆 CIP 数据核字(2020)第 256202 号

责任编辑：齐庆梅
文字编辑：肖　贺
责任校对：赵　菲

为了更好地支持相应课程的教学，我们向采用本书作为教材的教师提供课件，有需要者可与出版社联系。

建工书院：http://edu.cabplink.com

邮箱：jckj@cabp.com.cn　电话：(010)58337285

住房城乡建设部土建类学科专业“十三五”规划教材
高等学校建筑环境与能源应用工程专业推荐教材
建筑能源管理
丁　勇　张华玲　魏庆芃　钱　华
田　喆　高亚锋　喻　伟　编著
*
中国建筑工业出版社出版、发行(北京海淀三里河路 9 号)
各地新华书店、建筑书店经销
北京红光制版公司制版
北京建筑工业印刷厂印刷
*
开本：787 毫米×1092 毫米　1/16　印张：9¾　字数：240 千字
2021 年 9 月第一版　2021 年 9 月第一次印刷
定价：**30.00** 元(赠教师课件)
ISBN 978-7-112-25761-4
(36998)

前　　言

本书是住房城乡建设部土建类学科专业“十三五”规划教材，结合近年来建筑能源管理与节能改造等工作的教学和工程实践经验编写而成。

本书系统全面地介绍了我国建筑能源监管体系的建设过程与要求。对于建筑能源系统管理基本概念和过程的学习，是一本适合的教材；对相关的研究者和工作者，也是一本很好的参考书籍。课时安排建议为40～50学时，讲授时可根据具体情况进行取舍。

本书围绕建筑用能，从能源的类型出发，将建筑能源统计、审计和监管工作的主要内容、过程和方法进行了阐述；在此基础上，针对建筑节能改造、合同能源管理和建筑碳排放计算等当前建筑能源管理中的主要内容，对其中涉及的节能诊断、改造途径、效果判断、节能量确定和碳排放计算方法等内容进行了介绍；结合公共建筑运行过程中的用能评估、节能运行和能效提升等管理需求，本书介绍了基于实际运营需求的能源管理技术；最后，结合当前绿色化发展的需求，以及最新的绿色建筑发展要求，介绍了绿色化改造的发展。本书可以为从事建筑能源管理工作的学者、学生和工作人员掌握建筑能源系统管理的基本方法、操作技能等的学习和能力提升提供指导。

本书由重庆大学丁勇主编、统稿，由重庆大学丁勇、张华玲、高亚锋、喻伟，清华大学魏庆芃，天津大学田喆，东南大学钱华共同编写完成。编写过程中，重庆大学刘学博士，徐浩森、颜雪、胡玉婷三位硕士进行了文字、图表编排绘制。

本书由天津大学朱能教授主审，在全书的编写过程中，朱能教授对书稿的框架、体系和编写内容等方面均提出了许多宝贵意见和指导，并对全书进行了详细的审阅，在此表示深深的感谢。此次编写过程中，参考了大量最新文献，在此对引文作者以及给予编者大力支持和帮助的各位人士表示衷心的感谢。

由于编者的学识及水平所限，教材中难免存在不妥、错漏之处，希望读者予以批评指正。

目　　录

第1章 概　　论

1.1 什么是建筑能源管理

目前，主要有三种不同的类型能源管理：

（1）节约型能源管理

又称“减少能耗型”能源管理。这种管理方式着眼于能耗数量上的减少，采取限制用能的措施。例如，在非人流高峰时段停开部分电梯、在室外气温特别高时关断新风，提高夏季室内设定温度和降低冬季室内设定温度、室内无人情况下强制关灯等。这种管理模式的优点是简单易行、投入少、见效快。缺点是可能会降低整体服务水平，降低用户的工作效率和生活质量，容易引起用户的不满和投诉。因此，这种管理模式的底线是不能影响室内环境品质。

（2）设备更新型能源管理

或称“设备改善型”能源管理。这种管理方式着眼于对设备、系统的诊断，对能耗较大的设备或需要升级换代的设备，即使没有达到折旧期，也毅然决定更换或改造。在设备更新型管理中，一种是“小改”，如在输送设备上安装变频器、将定流量系统改为变流量系统；将手动设备改为自控设备等。另一种是“大改”，如更换制冷主机，用非淘汰冷媒、效率更高的设备替换旧的、冷量衰减（效率降低）的或仍使用淘汰冷媒的设备；根据当地能源结构和能源价格增加冰蓄冷装置、蓄热装置和热电冷联产系统；大楼增设建筑自控系统等。后者的优点是能效提高明显、新的设备和楼宇自控系统能提高设施管理水平和实现减员增效。缺点是：初期投入较大；单体设备的改造不一定与整个系统匹配，有时节能的设备不一定能组成一个节能的系统，甚至有可能适得其反；在设备改造时和改造后的调试期间可能会影响建筑的正常运行，因此对实施改造的时间段会有十分严格的要求。设备更新型能源管理模式受制于资金量。当然，在建筑节能改造中可以引入合同能源管理机制，由第三方负责融资和项目实施。

（3）优化管理型能源管理

这种管理模式着眼于“软件”的更新，通过设备运行、维护和管理的优化实现节能。它有两种方式：①负荷追踪型的动态运行管理，即根据建筑负荷的变化调整运行策略，如全新风经济运行、新风需求控制、夜间通风、制冷机台数控制等；②成本追踪型的动态运行管理，即根据能源价格的变化调整运行策略，一般建筑里有多路能源供应或多元（多品种）能源供应，充分利用电力的昼夜峰谷差价、天然气的季节峰谷差价、在期货市场上利用燃料油价格的起伏等。有条件时还可以选择不同的能源供应商，利用能源市场的竞争获取最大的利益。这种管理模式对建筑能源管理者的素质要求较高。

在经济发达地区的企业（尤其是第三产业和高新技术产业）里，一般而言人力资源成本（即员工工资）是企业经营的最大支出，其次便是能源费用开支。因此在建筑管理中，把能源管理看做是降低企业经营成本最重要的环节，而把室内环境管理看做是提高员工生产效率最重要的环节。即能源管理是“节流”的需要，室内环境管理是“开源”的需要。“节流”是为了更好地“开源”，两者是辩证统的。建筑能源管理始终要把提高能源利用率（即合理用能）放在首位，因此，建筑能源管理是一种为建筑使用者、为企业主业提供的服务。

因此，建筑能源管理者的职责绝不是简单地从数量上限制用能，或因为节能而给用户带来许多不便；而应该是通过能源品种优化、提升系统和设备的效率、推动先进的技术和管理等方法，为创造建筑良好的环境提供保障，使用户能发挥最大的潜能、创造更多的效益。因此，“有支持力的”“有创造力的”和“健康的”环境应是建筑能源管理者的工作目标。

建筑能源管理者所管理的设施或建筑是一个由建筑物、建筑设备和用户组成的系统，建筑能耗又涉及工艺、室内装修、供应链、气候、等方方面面。因此，管理者必须建立“系统”的思想，不能头痛医头、脚痛医脚，要选择社会成本较低、能源效率较高、能够满足需求的技术。在采取一项节能措施时，不但要看这项措施本身的节能效益，还要充分评估它的关联影响，特别要做好投入产出分析。从能源政策、能源价格、需求、成本、技术水平和环境影响等多方面考虑。建筑能源管理者还要追踪国内外建筑节能技术的发展动向，采用先进技术。在互联网普及的今天，更容易了解节能技术的进展。但有三点要引起注意：①先进技术往往初期投入比较大而节能效益比较好，因此要做好经济性分析，选择投资回报率高的项目；②有时候，最先进的技术不一定是最适宜的技术，可能“次”先进的技术更适合自己，有一种形象的说法：最适合的技术是介于镰刀和收割机之间的技术；③任何先进技术都不可能违背科学规律，只要掌握基本的科学知识，就可以识别社会上“水变油”之类打着“先进节能技术”幌子的骗术和巫术。

《中华人民共和国节约能源法》规定：重点用能单位（即年综合能源消费总量1万吨标准煤以上的用能单位；国务院有关部门或者省、自治区、直辖市人民政府管理节能工作的部门指定的年综合能源消费总量5000吨以上不满1万吨标准煤的用能单位）应当设立能源管理岗位，在具有节能专业知识、实际经验以及工程师以上技术职称的人员中聘任能源管理人员。

但在我国各大城市的许多商用和公共建筑中，业主和管理者的节能环保意识还不够。建筑节能和能源管理工作的开展大体上有以下三种情况：

（1）自持型建筑

拥有自主产权的物业并主要是自己使用的单位一般有三类，①大型制造业企业的厂房和办公设施；②大型金融企业（如银行和保险公司）的办公楼；③党政机关和事业单位的办公楼。前两类的管理者往往在能源费占据企业成本比例比较大时，或在企业主业经营效益滑坡时才会重视能源管理。相比较而言，金融企业更重视室内环境质量，因为员工生产效率的提高带来的是数以亿计的效益。为了保障室内环境质量，多花能源费用也在所不惜。前两类建筑更倾向节约型能源管理，特别在企业的主营业务效益不好时更是如此。后一类建筑由于是靠财政拨款（即纳税人的钱）来缴付能源费，因此相对比较重视建筑能源管理。而采用节约型管理会有损政府的“窗口”形象，所以比较容易接受采用合同能源管理方式的设备更新型能源管理。

(2) 出售型楼宇

设施管理公司是由业主委员会雇用，由于要面对大楼里众多的、众口难调的小业主，因此这类楼宇的管理者不会采用节约型管理，怕引起业主们的不满，也很难让众多小业主达成投资设备改造的共识。所以在出售型楼宇中容易推行优化管理型的能源管理，管理者对能耗计量、运行控制和收费制度会比较重视。

(3) 出租型楼宇

在我国商用建筑中，出租型楼宇占较大比例，也是建筑能源管理工作比较薄弱的一个领域。由于能源费用多是按用户建筑面积进行分摊，也缺乏分户能源计量，因此常常会因为用户对环境品质差和不合理的能源收费不满意而引起争议和投诉。在此类建筑中规范能源管理应从完善计量和收费制度做起。

1.2 建筑能源管理的组织

建筑能源管理的组织有五个步骤（见图 1.1）。

图 1.1 建筑能源管理的组织流程

第一步，批准。为使建筑能源管理工作能持续发展，首先要制订节能计划，并获得管理层的批准，使建筑能源管理人员或管理队伍成为企业核心业务的重要组成部分。

一般而言，最高管理层要批准建筑能源管理项目，主要考虑：

(1) 先在局部示范，建立样板；

(2) 必要的支持资源；

(3) 设定节能目标并要求有反馈；

(4) 激励机制。

因此，建筑能源管理工作要取得最高管理层的认可，在节能计划中需要认真准备并向管理层提供的信息：

(1) 令人信服的成功案例；

(2) 清晰的行动计划；

(3) 节能项目有利于企业或机构的战略发展目标并满足客户的要求。

第二步，理解。即需要对建筑物能耗现状做全面了解，也就是进行一次能源审计，主要包括：

(1) 了解现在的能耗水平和能源开支情况；

(2) 掌握能源消耗的途径；

(3) 确定本企业或机构有效使用能源的标准；

(4) 分析通过降低能耗而节约成本的可行性，从而设定一个切实可行的节能目标；

(5) 了解建筑能耗的环境影响。

第三步，规划和组织。首先是为自己的企业或机构制定一个可行的节能战略或政策。这样可以提升最高管理层对建筑能源管理的信心、对员工的耗能行为进行规范，并将它融入企业文化之中。

制定机构的节能政策必然会引起某些方面的改变，因此能源经理应该特别注意引入新的节能政策的方式，以创造一个使这些政策能够成功落地的外部环境。这些方式包括：

(1) 加强与各部门负责人和处在重要岗位上的员工的沟通，让他们先了解新的节能政策并提出意见，以获得他们的支持；

(2) 计划和组织能源管理队伍，将有关运行管理人员和未来的节能政策的具体执行者召集到一起，确保现有设备都正常工作，并找出可以做节能改进的场合；

(3) 给出清晰的工作导向，即中、长期的节能目标。

很明显，在这阶段最好要有一个能源经理来负责规划和组织。但规划和组织工作要比任命能源经理更为重要，因此管理层也可以亲自做这项工作，指定一个人作为能源经理的角色协助进行。

第四步，实施。企业的节能政策确定以后，每一个员工都应该参与进来。但是，从管理的角度来看，首先要以如下形式指定一个责任人：

(1) 在公司里建立一套能源管理和汇报的体制，任命一位董事会成员负责能源管理工作；

(2) 以这位董事会成员为首，成立一个节能委员会，其成员中应包括主要的耗能户、能源经理和物业经理等；

(3) 要求能源管理队伍根据公司中期节能目标分解制定短期的节能目标，并确定实现这些目标所要开展的具体项目；

(4) 把要达到的节能目标告诉每一个员工，同时建立起双向沟通的渠道；

(5) 重要的是把节能项目融入企业的日常管理工作之中。

第五步，控制和监理。对每一个实施的项目都要指定一位负责人（项目经理），控制项目的进展。能源管理经理应通过听取定期汇报和宣传项目成果的方式推动项目的进展。

为了推动能源管理工作，能源管理矩阵是非常有用的工具，它可以用来检查在能源管理各方面的进展情况，表1.1是能源管理矩阵的表现形式。表中的6列代表了建筑能源管理组织中重要的六方面事务，即能源政策、组织、动机、信息系统、宣传培训和投资。能源管理矩阵中上升的五行（从0到4），分别代表处理这些事务的完善程度，目的是不断提升能源管理的水平，同时又在各列（各项事务）之间寻求平衡。

在能源管理矩阵的各列（各项事务）中标注出最接近你所在机构现状的单元格（等级），并将能源管理矩阵分别交给几位来自不同专业的同事，请他们标注出他们心目中最接近现状的单元格（等级）。要向这几位同事解释清楚，这是一次对机构里能源管理工作的简单考查，需要他们提供直率的意见，然后将你自己的结果与你的同事的结果做比较，并找出“平均”分布。如果你的结果与同事们做出的结果差别比较大，那就需要与他们做进一步的沟通，分析形成差别的原因。

这样得到的结果可作为规划以后的节能项目的重要依据。但是，并不是所有的节能管理事务都要达到最高一级（即第4级）水平，尤其对比较小的单位或比较小的建筑更是如此。达到什么样的管理水平，要根据自己的财力和节能所取得的效益决定。根据经验，在一个企业里或一幢大楼里，大约有40%的能耗是浪费掉的，这也就意味着，能源管理水平每提高一个等级，就可以减少10%的浪费。但能源管理矩阵的各列之间不是孤立的，一般来讲不可能出现在信息系统处于第0级的条件下把能源管理的组织工作提升到第4级。

能源管理矩阵　　表1.1

等级	能源政策	组织	动机	信息系统	宣传培训	投资
4	经最高管理层批准的能源政策、行动计划和定期汇报制度	将能源管理完全融入日常管理之中。能耗管理的责、权、利分明	由能源经理和各级能源管理人员通过正式和非正式的渠道定期进行沟通	有先进系统设定节能目标。监控能耗，诊断故障、量化节能、提供成本分析	在机构内外大力宣传节能的价值和能源管理工作的性质	通过所有新建和改建项目详细的投资评估对绿色项目做出正面的积极评价
3	正式的能源政策，但未经最高管理层批准	有向代表全体用户的能源委员会负责的能源经理，该委员会由一位最高管理层成员领导	能源委员会作为主要的渠道。与主要用户联系	根据分户计量汇总数据，但节约量并没有有效地报告给用户	有员工节能培训计划。有定期的公开活动	采取和其他项目一样的投资回报期
2	未被采纳的由能源经理和其他部门经理制定的能源政策	有能源经理，向特别委员会汇报，职责权限不明	通过一个由高级部门经理领导的特别委员会与主要用户联系	根据计量表汇总数据。能耗作为预算中的一个特别单位	某些特别员工接受节能培训	投资只用于回报期短的项目
1	未成文的指南	只具有有限权力和影响力的兼职人员从事能源管理	只有在工程师和少数用户之间的非正式联系	根据收据和发票记录能耗成本。由工程师整理数据作为工程部内部使用	用来促进节能的非正式的联系	只采取一些低成本的节能措施
0	没有直接的政策	没有能源管理或能耗的责任人	与用户没有联系	没有信息系统，没有能耗计量	没有提高能效的措施	没有用于提高能效的投资

1.3 建筑能源管理的目标

在建筑能源管理组织确定之后，建筑能源管理的重要环节就是设定管理目标。通常可以设定如下目标：

(1) 能耗量化目标：例如全年能耗量、单位面积能耗量、单位服务产品（如酒店每客人、医院的每床位）能耗量等绝对值目标；系统效率、节能率等相对值目标。

(2) 财务目标：例如能源成本降低的百分比、节能项目的投资回报率，以及实现节能项目的经费上限等。

(3) 时间目标：完成项目的期限、在每一阶段时间节点上要达到的阶段性标准等。

(4) 外部目标：达到国内外或行业内的某一等级或某一评价标准，在同业中的排序位置等。

设定目标的原则即“实事求是”。根据自己的财力、物力和资源能力恰如其分地确定目标。而要做到“实事求是”，首先就必须做到“知己知彼”。对自己管理的建筑的能耗现状、先天设计条件、节能潜力、与其他同类建筑相比的优势和劣势，都要心中有“数”，即有一个量化的概念。

在节能目标确定之后，就要根据目标进行分解，设定节能管理标准。在节能管理标准中，以下三项内容是必须包括的：

1. 管理

（1）根据耗能设备的特性和功能，给出将能耗控制在最低限度的运行策略和管理措施，同时明确什么是该设备的理想状态。

（2）在有同类、同型号设备的场合，可以只给出一套节能管理标准，但如果这些设备运行条件有差异，要针对这些差异制定相应条款。

（3）所采用的判断基准以及根据判断基准所设定的相应管理标准。

（4）对特别重要的项目，要给出运行中的标准（目标）值和管理值。

（5）在有计算机控制的场合，要记录控制的概念和特征，明确地给出控制目标值。

（6）以空调管理标准为例，要划分空调分区，根据各分区的建筑构造和设备的配置、业务内容进行管理，设定供冷和采暖的温度、湿度、换气次数等管理标准。

2. 计量、检测和记录

（1）根据设定的标准值和管理值，要求进行定期的检测和记录。在记录表上应明确地给出标准值和管理值。应确定检测的周期（例如每小时一次还是每日一次）。记录表上有按期记录检测数据的栏目、与标准值和管理值比较的栏目，以及当检测值与标准值不符时记录所采取的措施的栏目。

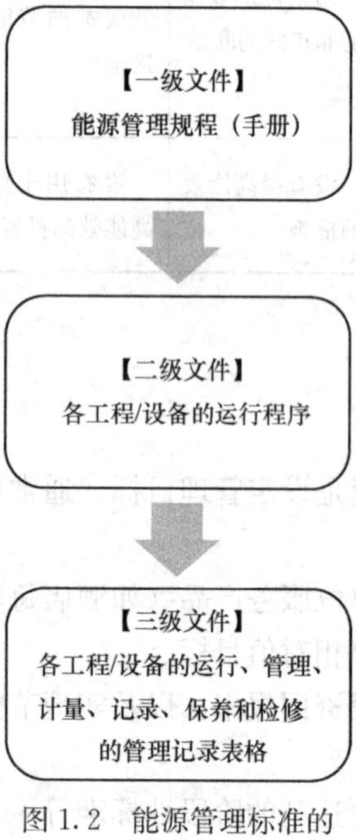

【一级文件】
能源管理规程（手册）

【二级文件】
各工程/设备的运行程序

【三级文件】
各工程/设备的运行、管理、计量、记录、保养和检修的管理记录表格

图 1.2 能源管理标准的文件体系

（2）在有计算机控制的场合，要切实保存好重要项目的检测数据。

（3）仍以空调管理标准为例，必须检测和记录温度、湿度和其他关系到空调效果的参数，还要检测和记录标准值所设定的与改善效率有关的数据（如制冷机的冷量和电量）。

3. 维护、保养和检修

（1）为了防止设备的故障和老化，在管理标准中应明确重要设备的维护、保养和检修的要领，并规定维护检修的周期，实施定期的保养。

（2）设立保养检修记录簿，每一次的保养、检测和修理的内容和结果都要记录下来。

（3）以空调系统为例，必须设定过滤器的清洗、风机盘管的清洁和空调效率的改善所必需的管理标准，并根据这些标准实施定期保养，以保持系统的良好状态。

这些管理标准，应该用文件形式确定而明晰地表述出来。图 1.2 给出了建筑能源管理的文件体系。最高级的文件，即能源管理规程，应该包含以下内容：目的，能源管理的体制

(组织形式和权限)，适用范围，遵循的标准，管理项目（7 个领域）和对象设备，管理标准的项目和内容（管理基准值、计量、记录、检修、保养和新设的措施的概略内容)。

其中，在制订规程时，要考虑与机构的其他规定或标准相协调，不要有相互矛盾的地方，同时还要遵循国家和地方的政策、法规和标准。而二级文件是操作层面的文件，要针对本单位特定情况和特殊环境制订，没有统一的模式。

在能源管理的文件体系建立起来以后，能源管理的组织和规划阶段就基本完成。在项目的全面质量管理中，有一个著名的戴明理论，即由美国著名的质量管理专家戴明博士提出的 PDCA 循环。PDCA 循环的含义是将质量管理分为四个阶段，即 Plan(计划)、Do(执行)、Check(检查) 和 Action(处理)。P(Plan) 计划，包括方针和目标的确定，以及活动规划的制定；D(Do) 执行，根据已知的信息，设计具体的方法、方案和计划布局；再根据设计和布局，进行具体运作，实现计划中的内容；C(Check) 检查，总结执行计划的结果，分清哪些对了，哪些错了，明确效果，找出问题；A(Act) 处理，对总结检查的结果进行处理，对成功的经验加以肯定，并予以标准化；对于失败的教训也要总结，引起重视。对于没有解决的问题，应提交给下一个 PDCA 循环中去解决。在质量管理活动中，要求把各项工作按照作出计划、计划实施、检查实施效果，然后将成功的纳入标准，不成功的留待下一循环去解决。

本节所述的内容，还只是 PDCA 循环的第一个环节。建筑能源管理的整个 PDCA 循环见图 1.3。

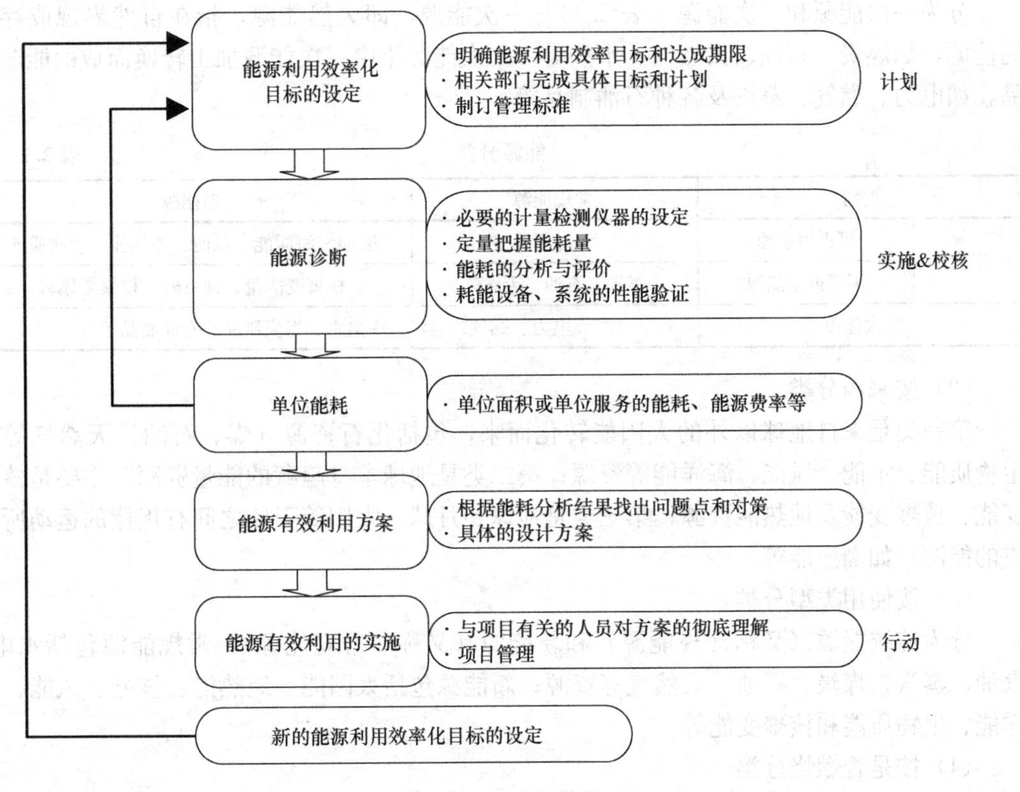

图 1.3 PDCA 循环

第2章　建筑能源的类型及统计计算方法

2.1　能源类型

能源也称能量资源或能源资源，是为人类的生产和生活提供各种能力和动力的物质资源，是国民经济的重要物质基础，也是未来国家命运的基础。能源的开发和有效利用程度以及人均消费量是生产技术和生活水平的重要标志。

2018年10月26日，第十三届全国人民代表大会常务委员会第六次会议通过并发布了《中华人民共和国节约能源法（2018年修正）》（以下简称《节能法》）。新《节能法》更注重节能管理和监督的规定。《节能法》中对能源的定义是指煤炭、石油、天然气、生物质能和电力、热力以及其他直接或者通过加工、转换而取得有用能的各种资源。

2.1.1　能源分类

（1）按基本形态分类

分为一次能源和二次能源（表2.1）。一次能源，即天然能源，指在自然界现成存在的能源，如煤炭、石油、天然气、水能等。二次能源指由一次能源加工转换而成的能源产品，如电力、燃气、蒸汽及各种石油制品等。

能源分类　　**表2.1**

类别		常规能源	新能源
一次能源	可再生能源	水力能等	太阳能、海洋能、风能、地热能、生物质能等
	不可再生能源	煤炭、石油、天然气	核聚变能量、油页岩、核聚变燃料
二次能源		电力、燃气、蒸汽、冷热水、煤炭制品、石油制品等	

（2）按来源分类

第一类是来自地球以外的太阳能转化而来，包括化石资源（煤、石油、天然气等）、生物质能、水能、风能、海洋能等资源；第二类是地球本身蕴藏的能量资源，主要是核裂变能、核聚变能及地热能资源；第三类是地球和月球、太阳等天体之间有规律的运动所形成的能源，如潮汐能等。

（3）按使用类型分类

分为传统能源（又称常规能源）和新能源（又称非常规能源），常规能源包括水电、汽油、蒸汽、煤炭、石油、天然气等资源；新能源包括太阳能、地热能、核能、风能、海洋能、生物质能和核聚变能等。

（4）按是否燃烧分类

燃料型能源，包括煤炭、石油、天然气等；

非燃料型能源，包括水能、风能、地热能、海洋能等。

(5) 按能源消耗后是否造成环境污染分类

污染型能源，包括煤炭、石油等；

清洁型能源，包括水力、电力、太阳能、风能以及核能等。

(6) 载能工质（耗能工质）

由能源经过一次或多次转换而成的非热属性的载能体，其本身状态参数的变化而能够吸收或放出能量的介质，即介质是能量的载体。如工业水、压缩空气、氧气、氮气、氩气、保护气等。

2.1.2 能量的计量单位与换算

(1) 能量的当量值

按照物理学电热当量、热工当量、电工当量换算的各种能源所含的实际能量。当量热值是指某种能源一个度量单位所含的热量。具有一定品位的能源，其当量热值是相对固定不变。

1) 法定单位

按照《中华人民共和国法定计量单位》的规定，焦耳（J）是能量的法定计量单位。其中，电能的计量单位为千瓦时（kW·h），表示1安培（A）电流通过1欧姆（Ω）电阻1秒（s）所消耗的电能。千瓦时的数值很小，通常用其倍数来表示，如兆瓦时（MW·h），万千瓦时（10^4kW·h），亿千瓦时（10^8kW·h）。焦耳J和千瓦小时（kW·h）之间的换算方法见式（2.1）。

$$1kW\cdot h=3.6\times10^6J;\ 1J=2.778\times10^{-7}kW\cdot h \tag{2.1}$$

2) 非法定单位

我国热量单位卡是指20℃卡，是指1g纯水从19.5℃升高到20.5℃所需要的热量，通常用千卡（$kcal_{20}$），俗称“大卡”。20℃卡与焦耳及千瓦时热量的换算关系式为：

$$1cal_{20}=4.1816J;\ 1J=2.3914\times10^{-7}cal_{20};\ 1kW\cdot h=860.91kcal_{20} \tag{2.2}$$

式中 4.1816——为热功当量A。在国际单位制中，热和功都采用同一个单位焦耳（J），热功当量A=1，能量采用法定计量单位就不再有热功当量这个概念，在能源计量工作中，应采用法定计量单位焦耳。

3) 标准燃料的当量值

各种能源都含有能量，在一定的条件下都可以转化成热。不同能源的实物量不能直接进行比较，为了能对各种能源进行计算、比较和分析，通常选定某种统一的标准燃料的热值作为计算依据，国际一般采用的标准燃料有标准煤与标准油两种，我国最常用的是标准煤（煤当量）与标准油（油当量），如：吨油当量（ton oil equivalent，简写 toe），百万吨油当量（milloin tons oil equivalent，简写 Mtoe），千克煤当量（kilogram coal equivalent，简写 kgce），吨煤当量（ton coal equivalent，简写 tce）。标准煤迄今为止尚无国际公认的统一标准，《综合能耗计算通则》GB 2589—2008 规定“低位发热量等于29307千焦（kJ）的燃料为1千克标准煤（1kgce）”，即1kgce=29307千焦=7000kcal。按式（2.3）与式（2.4）将标准煤与标准油的热值换算为大卡热量与千焦热量。

$$1kgoe=10000kcal=41868kJ \tag{2.3}$$

$$1kgce=7000kcal=29307kJ \tag{2.4}$$

各种能源折算标准煤的参考系数见附录1。

4）当量热值计算与分析方法

建筑使用的各种能源（冷热能、电能、燃料等），按其理论发热量（燃料能源为其低位发热量）为热量进行换算和分析的方法，这种分析方法未区分各种能源的品位差异。

（2）能量的等价值

生产单位数量的二次能源或载能工质所消耗的各种能源折算成一次能源的能量。加工转换产出的某种能源与相应投入的能源的当量，能量的等价值是个变动值，随着能源加工转换工艺的提高和能源管理工作的加强，转换损失逐渐减少，等价热值会不断降低。

1）煤电的等价值

燃煤发电电力的等价热值也是不断变化的，电力等价折标系数与转换效率有关，燃煤发电的能量转换过程为化学能—热能—机械能—电能，效率约40%，综合热效率约70%。实际应用中按“当年国家公布的火力发电标准煤耗计算”。2018年报道，哈电集团自主研制机组发电效率为48.12%，发电煤耗为255.29kgce/(kW·h)，供电煤耗为266.18g/(kW·h)，三项指标均刷新了世界纪录，是目前世界上效率最高、能耗最低、指标最优、环保最好的世界绿色煤电的标杆机组，而在20世纪90年代，发电标准煤耗为0.404kgce/(kW·h)。图2.1为近10年我国煤电供电煤耗的变化情况。

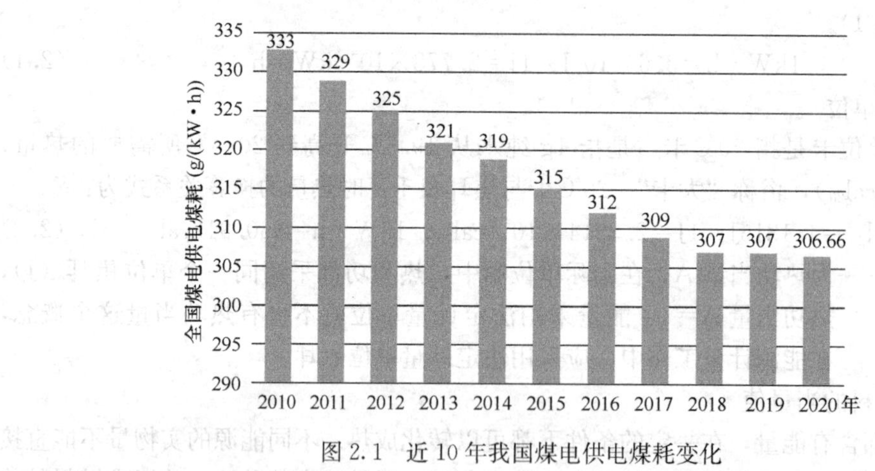

图2.1 近10年我国煤电供电煤耗变化

2）燃气发电的等价值

天然气热值为8000～8500kcal/m³，如按照8500kcal计算，理论上可以发电9.87kW·h。目前国内大型天然气发电厂的发电效率一般为35%～55%，而天然气分布式能源通过冷、热、电三联供等方式实现能源的梯级利用，综合能源利用效率可达70%以上。天然气锅炉燃烧效率约为95%左右，按照50%～55%的发电效率计算，每m³天然气实际发电量为4.69～5.15kW·h，因此，目前可按每m³天然气发5.0kW·h电来进行计算。

3）能量的等价值计算与分析方法

将建筑使用的电力按照全国火力发电平均消耗的以等价热值表示的一次能源量，其他各种形式的能源按照其热值，转换为热量进行换算和分析的方法。如发电煤耗法、发电气耗法。

（3）能量的㶲值

㶲代表了任一形式能量中的可用能，㶲是所有形式能量相对于参考环境在做功能力方面的量化表达，㶲在能量中所占比例的大小代表了能量品质的高低。为便于不同能源的㶲值，可首先计算出不同能源的能质系数。

1）能质系数

能质系数（energy quality coefficient）为能源的㶲与该能源数量（热值）的比值，其数值在0～1之间，能源品位越高，对应的能质系数也越大。电能是高品位的能源，电力的能质系数取1，不同能源的能质系数计算方法见附录2。表2.2为常见冷热量的能质系数。

常见的冷热量的能质系数 **表2.2**

种类	工作温度（℃）	能质系数 λ	
		供暖季（T_a）=273.15K	供冷季（T_a）=303.15K
冷水	7/12		0.0726
冷水	5/12		0.0764
热水	130/70	0.267	0.186
热水	95/70	0.232	0.147
热水	50/40	0.141	0.0471
饱和蒸汽	180（1.0MPa）	0.352	0.296
饱和蒸汽	144（0.4MPa）	0.312	0.250
饱和蒸汽	133（0.3MPa）	0.299	0.235

注：1. 冷水和热水的工作温度指供水和回水温度；饱和蒸汽的工作温度指蒸汽压力相应的饱和温度。
2. 冷/热媒能质系数中环境温度的取值，环境温度 T_0 应取冷/热媒使用时间段内环境温度的平均值。若在供暖季使用，T_0 取为273.15K(0℃)；若在供冷季使用，T_0 为303.15K（30℃）。

2）㶲值的计算分析方法

按㶲值分摊法核算分摊的步骤：

① 给出外界冷热源全年制备和输送冷/热量的输入能源种类（电、燃料）和实物量，以及全年输出能源种类（如电、冷、热）和实物量（第 i 个输出能源对应能源量为 Q_i）；

② 根据表2.2，计算每个输出能源相应的能质系数（第 i 个输出能源的能质系数为 λ_i），如果所用的冷/热量状态没有在表中列出，则根据附录2的方法计算；

③ 计算每个输出能源对应的输入能源分摊比例，第 i 个输出能源分摊输入能源的比例 x_i 按照式（2.5）计算；

$$x_i = \frac{Q_i\lambda_i}{\sum_{i=0}^{n} Q_i\lambda_i} \times 100\% \tag{2.5}$$

式中 Q_i——第 i 个输出能源对应能源量；

λ_i——第 i 个输出能源的能质系数（按附录2计算，数值在0～1之间）；

x_i——第 i 个输出能源分摊输入能源的比例（数值在0～1之间）。

④ 计算每个输出能源所消耗（分摊）的输入能源量，图2.5所示第 i 个输出能源分摊的输入能源量按照式（2.6）计算；

$$第\ i\ 个输出能源分摊能耗 = x_i \times 输入能源 \quad (2.6)$$

能耗分摊与折算应用案例见附录3。

2.2　建筑用能分类与计算方法

2.2.1　按输入建筑的能源形式分类

根据《民用建筑能耗分类及表示方法》GB/T 34913—2017，建筑用能边界位于建筑入口处（图2.2），对应为满足建筑各项功能需求从外部输入的电力、燃料、冷/热量及可再生能源等，其中冷热量由外部区域能源系统制备，区域能源系统可以是热电厂、区域锅炉房、燃气冷热电联供系统、区域冷供冷供热系统等，区域能源系统输出的能源可以是冷水、热水、蒸汽、电力等，能源品位可能相似，也可能差异较大。

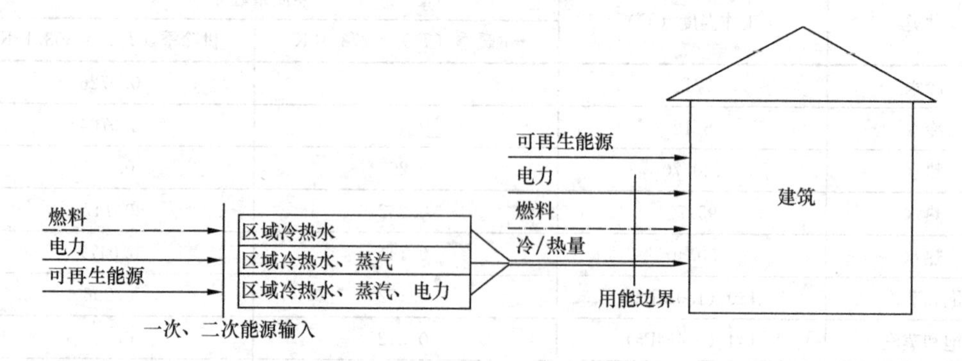

图2.2　建筑用能边界示意图

民用建筑能耗为建筑使用过程中由外部输入的能源，包括维持建筑环境的用能（如供暖、制冷、通风、空调和照明等）和各类建筑内活动（如办公、电器、电梯、生活热水等）的用能，能耗统计时需注意以下几点：

1）建筑能耗不包括由安装在建筑上的太阳能、风能利用设备等提供的可再生能源（非商品能源）。

2）可再生能源系统消耗的电力和燃料（如太阳能系统中水泵消耗的电力）需计入建筑能耗。

3）如果建筑内制备和输配冷热媒能源系统产生的二次产品（如电、热水、蒸汽、冷水等）除自用外，还供给其他建筑，则需按照第2.1.2(3）节所述烟分摊法核算分摊供给其他建筑对应的输入能源，自身建筑能耗应扣除这部分能源。

4）建筑能耗不包括用于建筑之外设备的储能充电装置用能。建筑能耗统计示例见图2.3。

2.2.2　按建筑功能、使用主体和供需机制分类

综合考虑建筑功能，城乡建筑形式、能源类型和生活方式的差别，北方地区城镇供暖运行的特点，我国《民用建筑能耗标准》GB/T51161—2016将建筑用能分为以下4类：

1）北方城镇建筑供暖能耗，包括供暖热源、循环水泵和辅助设备所消耗的能源；

2）公共建筑能耗，包括公共建筑内空调、通风、照明、生活热水、电梯、办公设备等使用的所有能耗，但不包括北方城镇建筑供暖能耗；

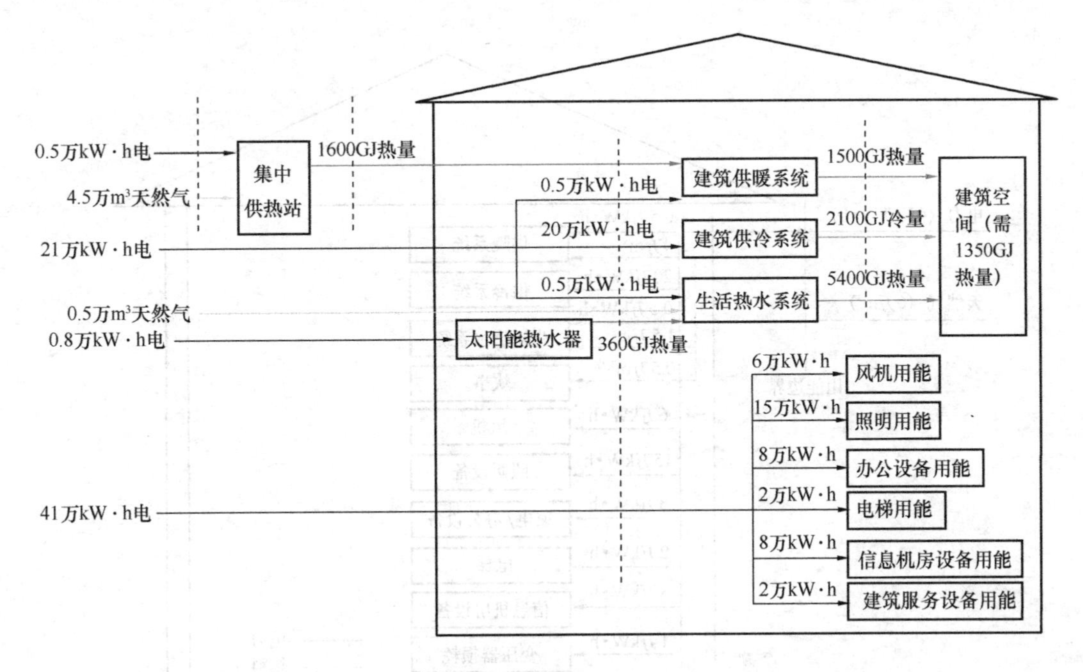

图 2.3　建筑能耗统计示例

3）城镇居住建筑能耗，为城镇居住建筑使用过程中消耗的从外部输入的能源量，包括每户内使用的能源和公摊部分使用的能源，但不包括北方城镇建筑供暖能耗；

4）农村居住建筑能耗，为农村居住建筑使用过程中消耗的从外部输入的能源量。

建筑主体应为明确的用能单位，可以是单体建筑或建筑群。建筑群指由相应耗能体系相联合、聚集的单体建筑集合。

其中，建筑能耗度量的时间周期以及能耗指标形式描述如下：

1）北方城镇建筑供暖能耗指标，是以一个完整供暖期内供暖系统的累积能耗计，并以单位建筑面积年能耗量作为该能耗指标的形式；

2）公共建筑能耗指标，是以一个完整的日历年或者连续 12 个日历月的累积能耗计，并以单位建筑面积的年能耗量作为该能耗指标的形式；

3）城镇居住建筑能耗指标形式，是以一个完整的日历年或者连续 12 个日历月的累积能耗计，并以每户或单位建筑面积的年能耗量作为该能耗指标的两种形式；

4）农村居住建筑能耗指标形式，是以一个完整的日历年或者连续 12 个日历月的累积能耗计，并以每户或单位建筑面积的年能耗量作为该能耗指标的两种形式。

2.2.3　按建筑能源服务用途分类

依据国家标准《民用建筑能耗分类及表示方法》GB/T 34913—2017，建筑用能按用途进行分类，图 2.4 所示为建筑用能按用途分类统计示例。

1）供暖用能：为建筑空间提供热量（包括加湿），以达到适宜的室内温湿度环境而消耗的能量，包括用于加热、循环水泵等的辅助设备（如电加热、供暖泵）等用能。

2）供冷用能：为建筑空间提供冷量（包括除湿），以达到适宜的室内温湿度环境而消耗的能量，包括用于制冷除湿设备、循环水泵和冷源侧需要的辅助设备（如冷却塔、冷冻/冷却水泵、冷却风机）等用能。

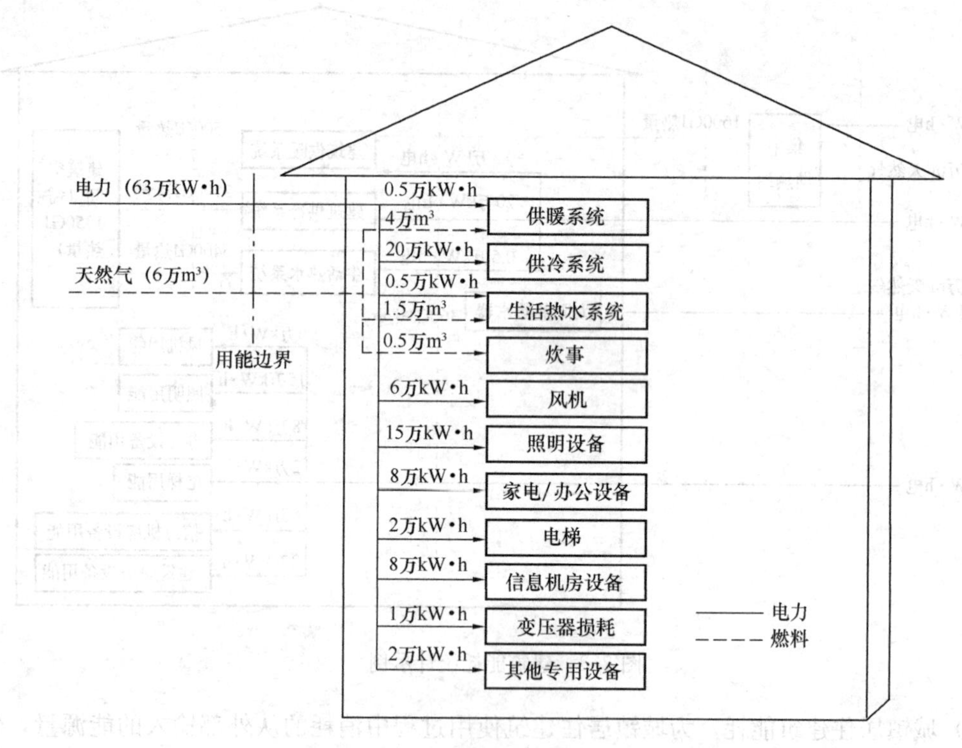

图 2.4　建筑用能按用途分类统计示例

3）生活热水用能：为满足建筑内人员洗浴、盥洗等生活热水需求而消耗的能量，不包括与生活冷水共用的加压泵的用能。

4）风机用能：建筑内机械通风换气和循环用风机使用的能量，包括空调箱、新风机、风机盘管等设备中的送风机、回风机、排风机，以及厕所排风机、车库通风机等消耗的电力。

5）炊事用能：建筑内炊事及炊事环境通风排烟使用的能量，包括炊事设备和厨房通风排烟设备等消耗的燃料和电力。

6）照明用能：为满足建筑内人员对光环境的需求，建筑照明灯具及其附件（如镇流器等）使用的能量。

7）家电/办公设备用能：建筑内一般家用电器和办公设备使用的能量，包括从插座取电的各类设备（如计算机、打印机、饮水机、电冰箱、电视机等）的用能。

8）电梯用能：建筑电梯及其配套设备（包括电梯空调、电梯机房的通风机和空调器等）使用的能量。

9）信息机房设备用能：建筑内集中的信息中心、通信基站等机房内的设备和相应的空调系统使用的能量。

10）建筑服务设备用能：建筑内各种服务设备（如给排水泵、自动门、防火设备等）使用的能量，以及配电变压器损耗的电力等。

11）其他专用设备用能：建筑内医用设备、洗衣房设备、游泳池辅助设备等不属于以上各类用能的其他专用设备使用的能量。

2.2.4 建筑能耗中冷/热量折算为电力或/和化石能源

根据《民用建筑能耗分类及表示方法》GB/T 34913—2017，当建筑冷/热/电以有从外部区域能源系统方式输入时（见图2.5），该建筑的能耗应按区域能源系统制备和输送所需消耗的电力或/和化石能源进行折算与分摊，分摊方法与外部区域能源系统输出的能源品位有关，即与图中 Q_1、Q_2 及 Q_n 的品位有关。

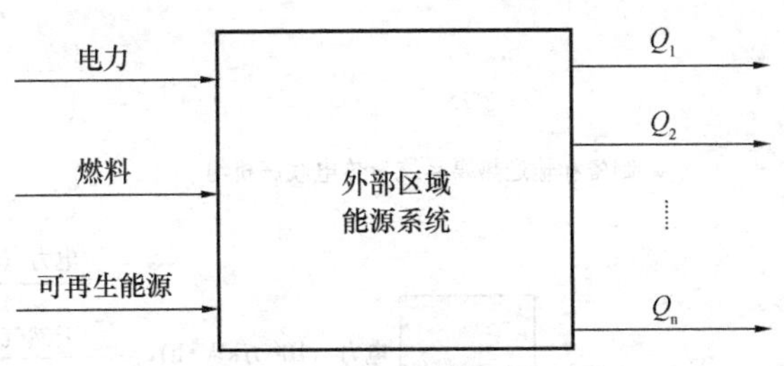

图 2.5　建筑外部区域能源系统制备和输送多种能源的示意图

1）当建筑冷/热/电有从外部区域能源系统以热媒循环方式输入的冷/热量时（见图2.6），如北方地区的区域锅炉房的集中供暖、南方可再生能源供冷供热等，其外部区域能源系统输出的供热介质为单一介质或与其能源品位相近的介质，建筑消耗的冷/热量应按其热值分摊区域冷热源系统制备和输送所需的电力或/和化石能源。

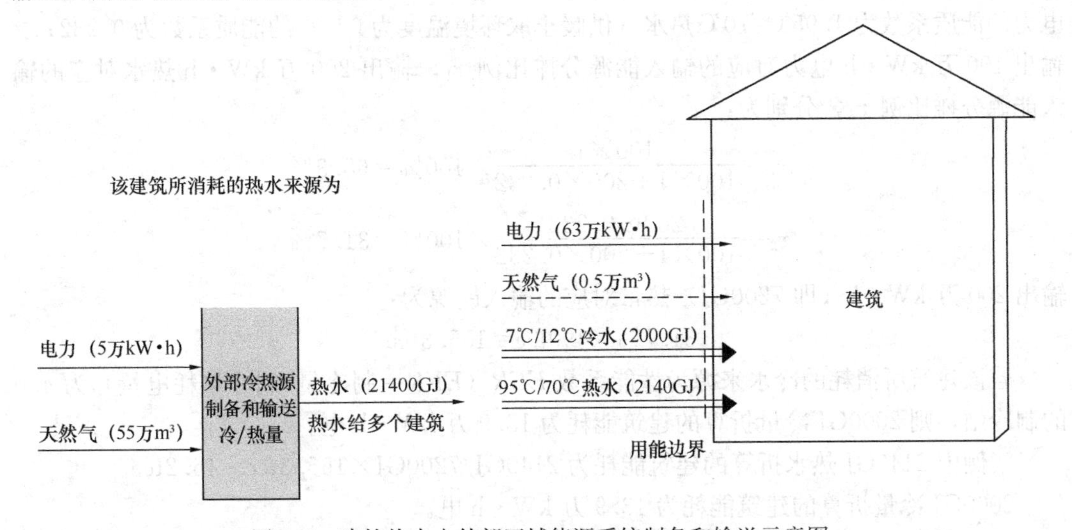

图 2.6　建筑热水由外部区域能源系统制备和输送示意图

建筑供热消耗的热水按其热值分摊外部冷热源系统制备和输送所需的电力或/和化石能源，建筑消耗的2140GJ热水就折算为消耗了5.5m³天然气与0.5kW·h电能。

2）当建筑外界冷热源制备和输送的冷/热量的输出为多种能源形式时（见图2.7），如北方地区热电厂的集中供热、燃气冷热电联供等，输出的冷/热水/蒸汽/电能为多座建筑提供能源，某一建筑冷/热水/蒸汽/电能消耗应按㶲值分摊外部区域能源系统制备和输送消耗的电力或/和化石能源。

外界热电厂冷热源制备和输送电能与热水消耗的燃煤按㶲值分摊方法进行计算：

$$x_1=\frac{Q_1\ y_1}{Q_1\ y_1+\cdots+Q_n\ y_n}$$

式中　x——能源分摊比例；

Q——输送能源；

y——能质系数。

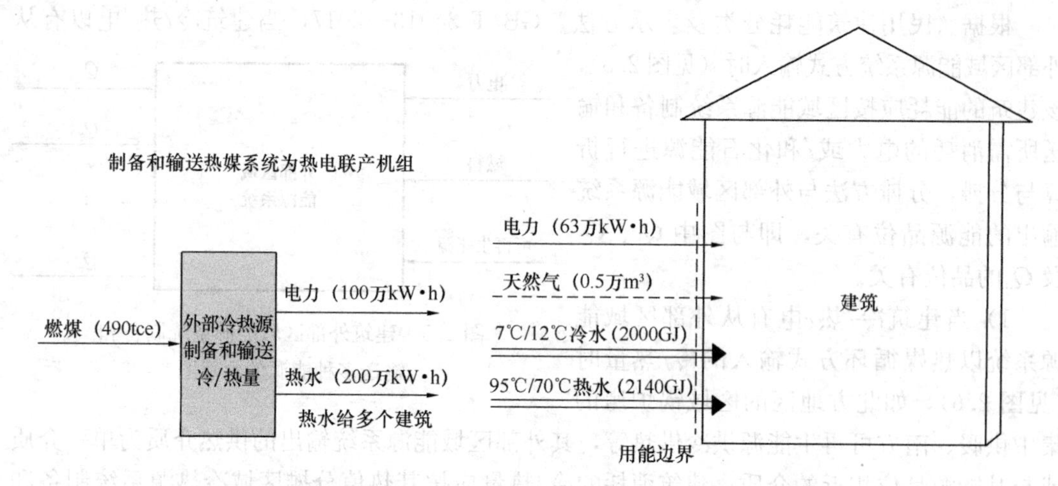

图 2.7　建筑热水由外部区域能源系统制备和输送示意图

电力的能质系数为 1. 95℃/70℃热水（供暖季取环境温度为 0℃）的能质系数为 0. 232；输出 100 万 kW · h 电力对应的输入能源分摊比例 x_1，输出 200 万 kW · h 热水对应的输入能源分摊比例 x_2，分别为：

$$x_1=\frac{100\times1}{100\times1+200\times0.232}\times100\%=68.3\%$$

$$x_2=\frac{200\times0.232}{100\times1+200\times0.232}\times100\%=31.7\%$$

输出 200 万 kW · h（即 7200GJ）热量对应的输入能源为：

$$31.7\%\times490\text{tce}=155.3\text{tce}$$

若该建筑所消耗的冷水来源为性能系数 *EER*（*EER*＝制冷量/制冷站耗电量）为 4. 0 的制冷站，则 2000GJ 冷量折算的建筑能耗为 13. 9 万 kW · h 电。

案例中 2140GJ 热水折算的建筑能耗为 2140GJ/7200GJ×155. 3tce＝46. 2tce。

2000GJ 冷量折算的建筑能耗为 13. 9 万 kW · h 电。

案例中建筑能耗为 76. 9 万 kW · h 电（其中直接耗电量 63 万 kW · h、建筑输入冷量折算电耗 13. 9 万 kW · h）、0. 5 万 m^3 天然气和 46. 2tce 煤（建筑输入热量折算煤耗）。建筑能耗统一折算为电力，则为：

76.9×10^4kW · h 电＋0.5×10^4 m^3 天然气×1kW · h 电/0. 2m^3 天然气＋46.2×10^3 kgce×1kW · h 电/0. 318kgce＝93. 9 万 kW · h 电

标准煤为 1kW · h 电＝0. 307kgce

标准天然气为 1kW · h 电＝0. 2m^3

建筑能耗统计与评估应用案例见附录 4。

第3章 建筑能源监管

为了全面落实科学发展观，提高建筑能源管理水平，进一步降低能源和水资源消耗、合理利用资源，以政府办公建筑和大型公共建筑的运行节能管理为突破口，建立了既有政府办公建筑和大型公共建筑运行节能监管体系，旨在提高政府办公建筑和大型公共建筑整体运行节能管理水平，指导和规范政府办公建筑和大型公共建筑的能耗数据采集工作。

3.1 能源统计

对国家机关办公建筑和大型公共建筑进行能耗的基本情况计量、能源消耗（水、电、气等能源形态）分类计量和分项计量，数据采集时间分别为时、日、周、月、季度、年度。同时结合统计数据找出了建筑各设备合理能耗水平，为建筑能源预警管理提供设备合理运行能耗标准值。依据《民用建筑能源资源消耗统计报表制度》（以下简称“制度”）说明建筑能源统计方案。

3.1.1 能源统计制度

制度属于政府部门统计调查，是住房和城乡建设部对民用建筑能源资源消耗信息统计工作的基本要求。各级相关行政主管部门根据制度的内容，组织实施，按时报送。

（1）统计范围

针对制度中不同统计内容，分别在全国不同范围内组织实施。

1）城镇民用建筑能耗信息统计

① 大型公共建筑和国家机关办公建筑相关信息的统计范围为全国城镇范围；

② 居住建筑和中小型公共建筑的相关信息的统计范围为全国106个城市；

③ 北方采暖地区城镇民用建筑集中供热信息统计的范围为15个省（自治区、直辖市）。

2）乡村居住建筑能耗信息统计

乡村居住建筑能耗信息统计范围为全国106个城市（同城镇居住建筑和中小型公共建筑相关信息统计的城市范围）内乡村区域。

需要说明的是，城镇包括城区和镇区。城区是指在市辖区和不设区的市，区、市政府驻地的实际建设连接到的居民委员会和其他区域。镇区是指在城区以外的县人民政府驻地和其他镇，政府驻地的实际建设连接到的居民委员会和其他区域。与政府驻地的实际建设不连接，且常住人口在3000人以上的独立的工矿区、开发区、科研单位、大专院校等特殊区域及农场、林场的场部驻地视为镇区。乡村是指城镇以外的区域。

（2）统计内容

反应城镇民用建筑和乡村居住建筑在使用过程中电力、煤炭、天然气、液化石油气、热力等化石能源和可再生能源消耗。

(3) 统计方法

统计方法采取全面统计和抽样统计相结合的方式。

1) 城镇民用建筑能耗信息统计

统计方法采取全面统计和抽样统计相结合的方式，其中采取全面统计方法的内容包括：

① 大型公共建筑和国家机关办公建筑，以及纳入省级公共建筑能耗监测平台实施能耗在线监测的公共建筑的基本信息和能耗信息；

② 北方采暖地区城镇民用建筑集中供热信息中规模以上供热单位相关信息。

采取抽样统计方法的内容包括：

① 居住建筑和中小型公共建筑的基本信息和能耗信息；

② 北方采暖地区城镇民用建筑集中供热信息中规模以下供热单位相关信息。

2) 乡村居住建筑能源资源消耗统计采取重点调查方法。

(4) 统计工作的组织形式与职责

民用建筑能源资源消耗统计工作在住房和城乡建设部的统一部署下，分省、市两级组织实施。住房和城乡建设部负责指导和协调全国的能源资源消耗统计工作。住房和城乡建设部科技发展促进中心负责能源资源消耗统计的具体实施与管理。省级住房和城乡建设行政主管部门负责组织本行政区域的能源资源消耗统计工作。市级建设行政主管部门负责具体组织实施本行政区域的能耗统计工作。

(5) 统计报表类型

《城镇民用建筑能源资源消耗信息统计报表》包括4类报表：城镇民用建筑基本信息表、城镇民用建筑能耗信息表、公共建筑能耗监测信息表北方采暖地区城镇民用建筑集中供热信息表。参见附录5。

“乡村居住建筑能源资源消耗信息统计报表”仅包括乡村居住建筑能源资源消耗信息表。

统计报表设置了基层表和综合表，其中基层表由制度所指定的各相关部门或单位填报；综合表由基层表汇总生成，不必填写。基层表有两类指标，一类为必填指标（城镇民用建筑能源资源消耗信息统计部分），另一类为选填指标（乡村居住建筑能源资源消耗信息统计部分）。其中必填指标各基层单位必须填报，选填指标不要求统一填报，由省级建设行政主管部门根据实际情况进行统一布置，并且基层单位必须同步执行，选填指标在报送期后要逐步完善。

(6) 报送要求

制度的报告期为年报，各省、自治区、直辖市按制度规定的表式和报送时间的要求，向住房和城乡建设部报送综合表及基层数据库。

(7) 分类标准和编码

制度实行全国统一分类标准和统一编码，各填报单位必须严格执行。各地可在制度的基础上增加或补充所需指标，但不得打乱制度指标的排列顺序，也不得改变统一的编码。

(8) 数据发布

制度收集的数据通过汇总后供内部使用，不向社会公开发布。

3.1.2 能耗统计基本信息

依据《政府办公建筑和大型公共建筑能耗数据采集技术导则》，政府办公建筑和大型公共建筑能耗数据采集应按以下 4 级进行：

1）国家级；

2）省级（省、自治区、直辖市）；

3）市级（地级市、地级区、州、盟）；

4）县级（县、县级市、县级区、旗）。

县级建设行政主管部门应负责采集、汇总和报送辖区内政府办公建筑和大型公建筑的能耗数据；市级、省级建设行政主管部门应负责汇总和报送辖区内政府办公建筑和大型公共建筑的能耗数据；国家建设行政主管部门应负责汇总全国政府办公建筑和大型共建筑的能耗数据。各级建设行政主管部门可委托由国家建设行政主管部门认定的建筑节能专业机构进行本级政府办公建筑和大型公共建筑能耗数据的采集和汇总工作；进行能耗数据采集建筑的所有权人或业主应指定或委托专人担任能耗数据采集工作的联系人，同时联系人应协助进行能耗数据采集工作。应对所有的政府办公建筑和大型公共建筑进行能耗数据采集。市级、省级、国家级建设行政主管部门可逐月或逐季度检查下级建设行政主管部门进行政府办公建筑和大型公共建筑的能耗数据采集工作。

政府办公建筑和大型公共建筑应按以下建筑功能划分，分 13 类进行能耗数据采集：

1）政府办公建筑；

2）大型非政府办公建筑；

3）大型商场建筑；

4）大型宾馆饭店建筑；

5）大型文化场馆建筑；

6）大型科研教育建筑；

7）大型医疗卫生建筑；

8）大型体育建筑；

9）大型通信建筑；

10）大型交通建筑；

11）大型影剧院建筑；

12）大型综合商务建筑；

13）其他大型公共建筑。

政府办公建筑和大型公共建筑能耗应按以下 4 类分别进行数据采集：

1）电；

2）燃料（煤、气、油等）；

3）集中供热（冷）；

4）建筑直接使用的可再生能源。

建筑基本情况采集指标应为各类政府办公建筑和大型公共建筑的总栋数和总建筑面积。建筑能耗采集指标应为各类政府办公建筑和大型公共建筑的全年单位建筑面积能耗量和全年总能耗量。数据采集格式参考《大型公共建筑能源统计技术导则》相关表格。

3.1.3 能源统计基础数据处理

建筑基本信息宜从以下途径获取：

1）建设行业主管部门，如地区建设系统主管部门、房地产管理部门等；

2）到城市建设档案馆进行资料文案统计；

3）组织专人进行现场调查和统计；

4）物业管理部门配合填写。

对于集中供应的能源种类（如电、燃气、集中供热等），宜设置能耗数据自动采集系统。对于分散购买并使用的能源种类（如煤、油等），宜通过物业公司获取能耗数据。

（1）县级建筑能耗数据处理办法

1）每栋建筑各类能源的年累计消耗量应按下列公式计算：

$$E_i = \sum_{j=1}^{12} E_{ij} \tag{3.1}$$

式中 E_i——每栋建筑第 i 类能源的年累计消耗量；

E_{ij}——每栋建筑第 i 类能源第 j 月的能耗量；

i——能源种类，包括：电、燃料（煤、气、油等）、集中供热（冷）、建筑直接使用的可再生能源等；

j——月份，$j=1，2，\cdots，12$。

2）县级辖区内各分类建筑各类能源的全年总能耗量应按下列公式计算：

$$E_{i,b\text{-}sub} = \sum_{k=1}^{n_{b\text{-}sub}} E_{i,b\text{-}sub.k} \tag{3.2}$$

式中 $E_{i,b\text{-}sub}$——县级辖区内各分类建筑第 i 类能源的全年总年能耗量；

$E_{i,b\text{-}sub.k}$——县级辖区内各分类建筑中第 k 个建筑第 i 类能源的年累计消耗量；

$n_{b\text{-}sub}$——县级辖区内各分类建筑总栋数；

sub——表示政府办公建筑和大型公共建筑的13种分类建筑类型；

b——表示县级。

3）县级辖区内各分类建筑各类能源的全年单位建筑面积能耗量应按下列公式计算：

$$e_{i,b\text{-}sub} = \frac{E_{i,b\text{-}sub}}{F_{b\text{-}sub}} \tag{3.3}$$

式中 $e_{i,b\text{-}sub}$——县级辖区内各分类建筑第 i 类能源的全年单位建筑面积能耗量；

$F_{b\text{-}sub}$——县级辖区内各分类建筑的总建筑面积。

4）县级辖区内政府办公建筑和大型公共建筑的全年总能耗量应按下列公式计算：

$$E_{i,b} = \sum_{sub=1}^{13} E_{i,b\text{-}sub} \tag{3.4}$$

式中 $E_{i,b}$——县级辖区内政府办公建筑和大型公共建筑第 i 类能源的全年总能耗量。

5）县级辖区内政府办公建筑和大型公共建筑的全年单位建筑面积能耗量应按下列公式计算：

$$e_{i,b} = \frac{E_{i,b}}{F_b} \tag{3.5}$$

$$F_b = \sum_{sub=1}^{13} F_{b\text{-}sub} \tag{3.6}$$

式中 $e_{i,b}$——县级辖区内政府办公建筑和大型公共建筑第 i 类能源的全年单位建筑面积能耗量；

F_b——县级辖区内政府办公建筑和大型公共建筑的总建筑面积。

（2）市级、省级和国家级建筑能耗数据处理方法

1）市级、省级和国家级各分类建筑各类能源的全年总能耗量应按下列公式计算：

$$E_{i,b\text{-}sub} = \sum_{m=1}^{N_{sd}} E_{i,b\text{-}sub,m} \tag{3.7}$$

式中 $E_{i,b\text{-}sub}$——市级或省级或国家级各分类建筑第 i 类能源的全年总年能耗量；

$E_{i,b\text{-}sub.m}$——第 m 个下一级建筑能耗数据采集部门汇总的各分类建筑第 i 类能源的全年总能耗量；

N_{sd}——下一级建筑能耗数据采集部门数量；

d——建筑能耗数据采集部门级别，d 为 c 时表示市级建筑能耗数据采集部门，为 p 时表示省级建筑能耗数据采集部门，为 t 时表示国家级建筑能耗数据采集部门。

2）市级、省级和国家级各分类建筑各类能源的全年单位建筑面积能耗量应按下列公式计算：

$$e_{i,d\text{-}sub} = \frac{E_{i,d\text{-}sub}}{F_{d\text{-}sub}} \tag{3.8}$$

$$F_{d\text{-}sub} = \sum_{m=1}^{N_{sd}} F_{sd\text{-}sub,m} \tag{3.9}$$

式中 $e_{i,d\text{-}sub}$——市级、省级或国家级各分类建筑第 i 类能源的全年单位建筑面积消耗量；

$F_{d\text{-}sub}$——市级、省级或国家级各分类建筑的总建筑面积；

$F_{sd\text{-}sub,m}$——第 m 个下一级建筑能耗数据采集部门汇总的各分类建筑的建筑总面积。

3）市级、省级和国家级办公建筑和大型公共建筑的全年总能耗量应按下列公式计算：

$$E_{i,d} = \sum_{sub=1}^{13} E_{i.d\text{-}sub} \tag{3.10}$$

式中 $E_{i,d}$——市级或省级或国家级政府办公建筑和大型公共建筑第 i 类能源的全年总年能耗量。

4）市级、省级和国家级办公建筑和大型公共建筑的全年单位建筑面积能耗量应按下列公式计算：

$$e_{i,d} = \frac{E_{i,d}}{F_d} \tag{3.11}$$

$$F_d = \sum_{sub=1}^{13} F_{d\text{-}sub} \tag{3.12}$$

式中 $e_{i,d}$——市级、省级或国家级政府办公建筑和大型公共建筑第 i 类能源的全年单位建筑面积消耗量；

F_d——市级、省级或国家级政府办公建筑和大型公共建筑各分类建筑的总建筑面积。

3.1.4 公共机构能源资源统计方案

为了全面掌握公共机构能源资源消费的实际状况，规范公共机构能源资源消费统计工作，加强公共机构节能管理，促进公共机构节能科学发展，从而进行公共机构的能耗统

计，国家机关事务管理局制定了《公共机构能源资源消费统计调查制度》。

根据《公共机构能源资源消费统计调查制度》，统计方案有如下规定：

（1）调查对象为全国范围内的公共机构。《中华人民共和国节约能源法》第四十七条、《公共机构节能条例》第二条规定公共机构是指全部或者部分使用财政性资金的国家机关、事业单位和团体组织。

（2）统计调查内容包括公共机构基本信息和使用的煤、燃气、燃油、电、热力和水、土地等各种能源资源消费信息。

（3）调查频率分为月报和年报。月报报表于次月报送，《公共机构基本信息》与其余年报报表于次年报送。

（4）统计调查方法采取全面调查方法。

（5）公共机构能源资源消费统计工作在国家机关事务管理局的统一部署下，由县级以上人民政府管理公共机构节能工作的机构组织实施。公共机构按照行政隶属关系组织开展能源资源消费统计工作。

1）国家机关事务管理局负责全国公共机构能源资源消费统计工作。包括制定统计实施方案、部署统计工作、编制并发放统计软件和报表、开展统计培训、组织交流统计工作经验、审核汇总统计数据、编制统计工作报告等。

2）县级以上地方各级人民政府管理机关事务工作的机构依照法律规定的权限负责组织本行政区域内公共机构能源资源消费信息统计工作。包括制定统计实施方案、部署统计工作、发放统计软件和报表、开展统计培训、组织交流统计工作经验、审核汇总统计数据、编制统计工作报告并报送上级人民政府管理机关事务工作的机构等。

3）中央国家机关各部门、各单位，全国人大机关，全国政协机关，各民主党派中央机关的能源资源消费统计工作由国家机关事务管理局负责。中央国家机关各部门、各单位负责所属公共机构（包括派驻地方的公共机构）的能源资源消费统计工作。

4）中央国家机关各部门、各单位，全国人大机关、全国政协机关、各民主党派中央机关组织所属公共机构（包括派驻地方的公共机构）和地方各级公共机构能源资源消费统计的周期和报表报送时限等统计工作要求，应在符合上级相关要求的基础上，自行确定。各地方和有关单位特殊需要的统计资料应通过地方统计调查收集，并避免与国家已有的统计调查相重复。

（6）在建筑能源统计中除了综合统计中的指标用地面积、建筑面积、能源资源消费量及费用指标需保留两位小数外，其余的指标不保留小数。

根据《公共机构能源资源消费统计调查制度》，具体的填报方法如下：

（1）公共机构定期填写《公共机构基本信息》《公共机构能源资源消费状况》，经单位负责人审核并加盖单位公章后，报送上级行政主管部门或同级人民政府管理机关事务工作的机构。使用数据中心机房和实施采暖的公共机构还应按要求填报《公共机构数据中心机房能源消费状况》和《公共机构采暖能源资源消费状况》。

（2）各级系统、行政主管部门定期汇总填写《公共机构能源资源消费统计分级汇总情况》《公共机构能源资源消费统计分类汇总情况》，经单位负责人审核并加盖单位公章后，报送上级行政主管部门或同级人民政府管理机关事务工作的机构；所属公共机构使用数据中心机房和实施采暖的还应定期填报《公共机构数据中心机房能源消费统计汇总情况》和

《公共机构采暖能源资源消费统计汇总情况》。

(3) 县级以上各级人民政府管理机关事务工作的机构定期汇总填写《公共机构能源资源消费统计分级汇总情况》《公共机构能源资源消费统计分类汇总情况》，经单位负责人审核并加盖单位公章后，报送上一级人民政府管理机关事务工作的机构。所辖公共机构使用数据中心机房和实施采暖的还应按要求填报《公共机构数据中心机房能源消费统计汇总情况》和《公共机构采暖能源资源消费统计汇总情况》。

依据《公共机构能源资源消费统计调查制度》，针对统计业务流程的各环节进行质量管理和控制，比如开展数据会审、数据质量抽查等。

公共机构公开自身能源资源消费统计数据应符合有关规定。县级以上各级人民政府管理机关事务工作的机构以及各级系统、行政主管部门可以以内部文件方式或在官网上发布统计调查所获得的数据资料。数据资料可以与同级人民政府、发展改革、财政、住建、统计等部门共享。

综合数据可与其他部门及本系统内共享使用，按照协定方式共享，在最终审定数据十个工作日后可以共享，共享责任单位公共机构节能管理司，共享责任人公共机构节能管理司主管统计工作负责人。对保密有特殊要求的国家安全等部门根据本制度要求，自行组织本系统的能源资源消费统计工作，相关能源资源消费信息在符合保密要求的情况下，报送同级人民政府管理机关事务工作的机构。

在《公共机构能源资源消费统计调查制度》中实行全国统一分类标准和编码，各级公共机构及相关部门必须严格执行。各地区可根据需要，在本制度中增加个别指标，但不得改变本制度指标的排列顺序和统一编码。公共机构能耗统计的具体的调查表式见附录6《公共机构能耗统计调查表式》。

3.2 能源审计

建筑能源审计主要是针对建筑围护结构、动力系统、暖通空调系统、可再生能源系统、水资源利用、建筑室内环境质量等进行监测、诊断和评价。

3.2.1 审计程序

(1) 审计准备阶段

依据《公共建筑能源审计导则》，审计开始前，应由能源审计的委托单位确定审计目标建筑及审计等级，由审计单位判断目标建筑是否具备开展相应审计等级的条件。审计目标建筑确立后，审计单位应成立审计小组，并在审计开始10个工作日之前由委托单位书面通知被审计单位，在审计开始5个工作日之前由审计单位向被审计单位发放建筑基本信息表（附录附表7.1）、建筑用能设备基本信息表（附表7.2）和建筑能耗数据信息表（附表7.3）。现场审计工作开始之前，被审计单位应将填写好的附表7.1～附表7.3提交审计单位，并应确定配合能源审计工作的责任人和联络人。

审计小组应首先主持召开建筑能源审计座谈会，与被审计建筑的业主代表、物业管理代表以及能源管理代表进行沟通，确定建筑能源审计的具体要求和实施内容，以及审计过程中必要的工作条件和辅助条件，并核对审计准备阶段发放表格中的数据和信息，共同完善表格内容。被审计单位应向审计小组提供与审计工作相关的文件资料，并提供与审计工作相关的现场工作支持。审计小组的现场审计工作应包括文件审查和调研测试两个部分。

(2) 审计实施阶段

审计小组应首先主持召开建筑能源审计座谈会，与被审计建筑的业主代表、物业管理代表以及能源管理代表进行沟通，确定建筑能源审计的具体要求和实施内容，以及审计过程中必要的工作条件和辅助条件，并核对审计准备阶段发放表格中的数据和信息，共同完善表格内容。被审计单位应向审计小组提供与审计工作相关的文件资料，并提供与审计工作相关的现场工作支持。

审计小组的现场审计工作应包括文件审查和调研测试两个部分。

1) 文件审查主要包括对被审计建筑的竣工图纸、能源账单、能耗监测数据、主要设备的台账、运行记录和维修保养记录、已采取的节能措施、能源管理等文件资料进行审查和核实，并做好记录，对必要文件进行复印、扫描或拍照。

2) 调研测试主要包括建筑巡查、与相关人员进行沟通交流、室内环境检测、专项检测（三级审计）以及数据采集，并应做好现场记录和拍照，填写建筑能源审计现场巡查表。

审计单位应参考图 3.1 所示工作流程实施能源审计工作。

(3) 审计报告阶段

审计单位应参考图 3.1 所示工作流程实施能源审计工作。

现场审计过程结束后，审计单位应对文件审查和调研测试得到的数据资料进行整理、计算和分析。

审计单位撰写能源审计报告，并就审计报告结论与被审计单位交换意见，形成最终审计结论。

3.2.2　审计内容

(1) 审计等级划分

建筑能源审计按照审计等级分为一级、二级和三级。

(2) 一级能源审计

一级能源审计的目的和要求：

1) 旨在掌握建筑和用能系统信息，了解建筑用能总体现状，并通过与国家或地方相关标准对比，判断建筑总体用能水平；

2) 要求完成建筑基本信息和用能系统调查；检测评估室内基本环境品质状况；基于全年及分月用电、蒸汽、天然气、油、可再生能源及其他能源等账单或能耗统计记录数据，计算建筑年总能耗和单位建筑面积能耗等能耗指标；通过与国家或地区能耗标准对比，对建筑用能现状进行总体评价；

3) 要求收集至少 1 年完整的能耗数据。

根据一级能源审计的目的和要求，建筑一级能源审计工作应包括下列内容：

1) 检查建筑基本概况；

2) 检查建筑用能设备基本信息；

3) 检查建筑能耗信息或能耗统计记录资料；

4) 计算、分析建筑能耗指标并对标；

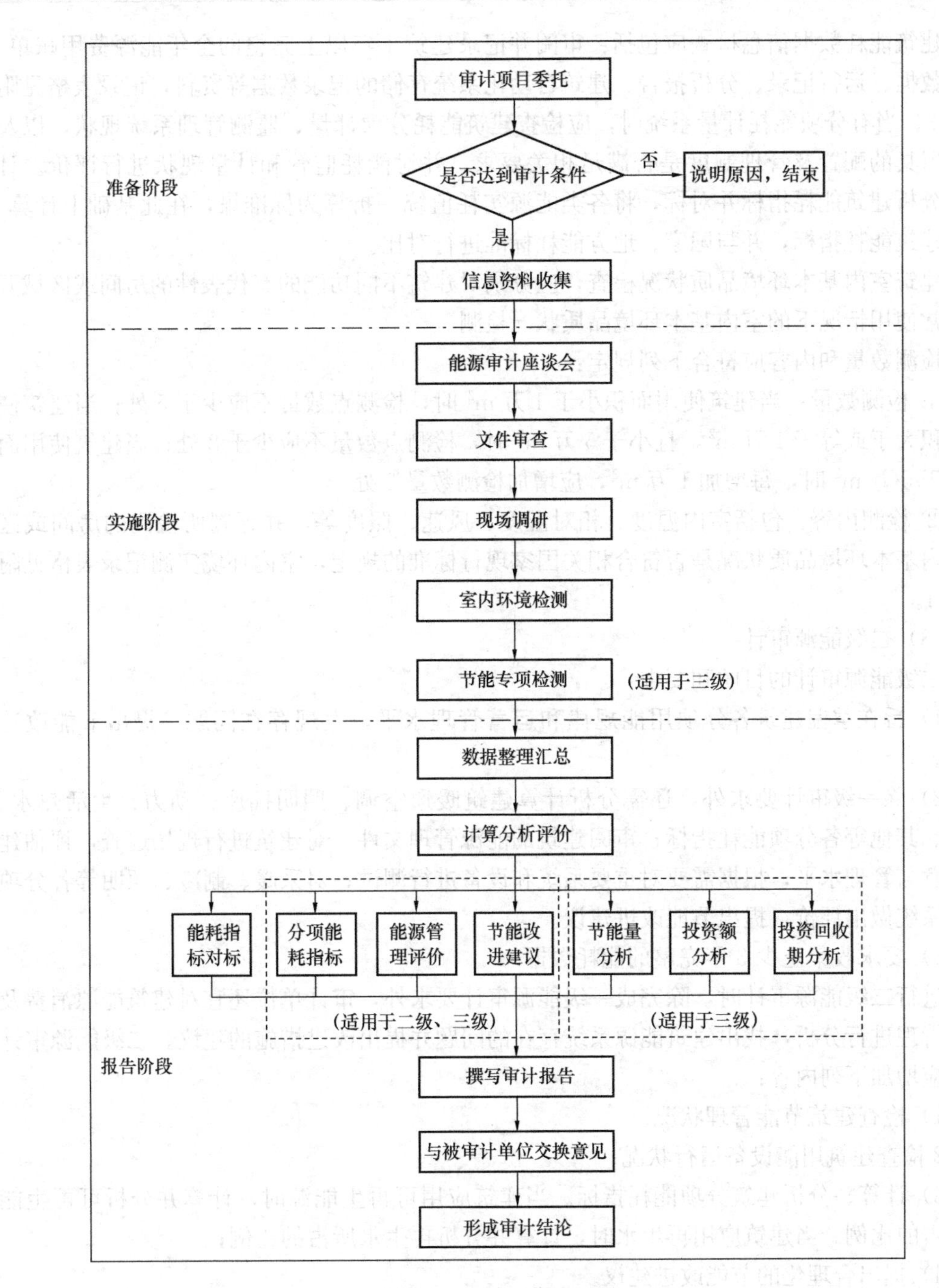

图 3.1 审计工作流程图

5）检测评估建筑室内基本环境品质状况。

建筑基本概况检查应包括：审阅并记录建筑面积、建筑使用面积、建筑辅助面积、建筑结构形式、围护结构、建筑使用人数、不同功能区域面积及其运行时间表、可再生能源和再生水是否应用等建筑基本信息，记录表格见附表 7.1。

建筑用能设备基本信息检查应包括：审阅并记录建筑内主要用能设备的基本信息，记录表格见附表 7.2。

建筑能耗数据信息检查应包括：审阅并记录建筑1年以上完整的全年能源费用账单、计量数据、运行记录、分析报告、建筑自动化系统存储的记录数据等资料，记录表格见附表7.3。当有分项能耗计量系统时，应检查建筑能耗分项计量、监测管理系统现状，以及计量器具的配置及管理制度是否满足相关要求，并对能耗监管和计量现状进行评价。计算、分析建筑能耗指标并对标，将各类能源实耗值统一折算为标准煤，在此基础上计算、分析建筑能耗指标，并与国家、地方能耗标准进行对比。

建筑室内基本环境品质状况检查，应分别对建筑不同功能的有代表性的房间或区域开展正常使用情况下的室内基本环境品质状况检测。

检测数量和内容应符合下列规定：

① 检测数量：当建筑使用面积小于1万m^2时，检测点数量不应少于5处；当建筑使用面积大于或等于1万m^2，且小于5万m^2时，检测点数量不应少于8处；当建筑使用面积大于5万m^2时，每增加1万m^2，应增加检测数量3处。

② 检测内容：包括室内温度、相对湿度、风速、照度等，并评判所检测的房间或区域室内基本环境品质状况是否符合相关国家现行标准的规定，室内环境实测记录表格见附表7.4。

（3）二级能源审计

二级能源审计的目的和要求：

1）旨在掌握建筑各分项用能规律和运营管理水平，发现存在问题，提出节能改造方向。

2）除一级审计要求外，还需分析计算建筑暖通空调、照明插座、动力、生活热水、餐饮、其他等各分项能耗指标；审阅建筑的能源管理文件，对建筑进行现场巡查，评估建筑运营与管理水平；根据需要对重要系统和设备进行测试；对采暖、制冷、照明等各分项供能系统做出评价，提出节能改进建议。

3）要求收集至少3年完整的能耗数据。

进行二级能源审计时，除完成一级能源审计要求外，审计单位还宜对建筑能源消费及能源管理进行分析，找出建筑能源系统存在的问题并提出改进措施的建议。二级能源审计工作应增加下列内容：

1）检查建筑节能管理状况。

2 检查建筑用能设备运行状况。

3）计算、分析建筑分项能耗指标。当建筑应用可再生能源时，计算并分析可再生能源所占的比例。当建筑应用再生水时，计算并分析再生水所占的比例；

4）提出合理化的节能改进建议。

建筑节能管理状况检查应包括下列内容：

1）能源管理制度、节能管理文件；有无制定并组织实施本单位节能计划和节能措施；

2）能源计量、监测管理制度；有无配备合格的能源计量器具、仪表；

3）原始记录和统计台账；

4）设备产品说明书和调试记录；

5）设计图纸和计算书；

6）节能工作责任制；有无明确节能工作岗位及其任务和责任；

7）节能宣传与培训。

建筑用能设备运行状况检查应包括下列内容：

1）检查建筑内主要用能设备的运行状况；

2）对建筑现场进行逐项检查，填写建筑能源审计现场巡查表（附表 7.5）。

建筑分项能耗指标应符合下列要求：

1）暖通空调系统能耗指标，包括空调通风系统能耗指标和供暖系统能耗指标；

2）照明及插座取电设备系统能耗指标；

3）动力系统能耗指标，包括电梯能耗指标、非空调水泵能耗指标和通风机能耗指标；

4）生活热水能耗指标；

5）餐饮能耗指标；

6）其他能耗指标。

建筑能耗体系如图 3.2 所示。

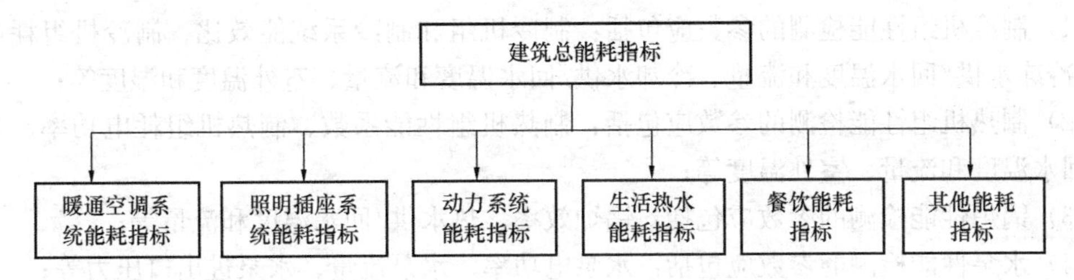

图 3.2　建筑能耗体系框架图

根据二级能源审计要求和建筑实际情况，找出建筑能源系统存在的问题并提出合理化的节能改造建议，主要包括能源管理体系、用能系统、行为节能等 3 个方面存在的问题及改造建议。

（4）三级能源审计

三级能源审计的目的和要求

1）旨在通过建筑围护结构、用能设备及系统检测，对建筑性能及用能系统进行详细诊断，分析问题，明确改造方案，并进行节能量和经济性分析；

2）除二级审计外，还应包括建筑及设备能效测评；围护结构热工性能测评；室内空气质量状况检测；提出详细且具备可操作性的节能改造方案；基于实测数据或能耗软件核算节能量，并进行经济性分析评价；

3）要求收集至少 3 年完整的能耗数据。

进行三级能源审计时，除完成二级能源审计要求外，审计单位还应对建筑分项能耗进行拆分统计、对建筑室内环境品质中空气质量状况进行监测、对建筑主要用能系统性能进行针对性检测，同时还应对节能改造技术措施及经济性进行分析。三级能源审计工作增加下列内容：

1）详细拆分统计建筑分项能耗，记录表格见附表 7.6；

2）检测评估建筑室内环境品质中空气质量状况；

3）检测建筑用能系统能效性能；

4）当围护结构有较大改动时，需开展建筑围护结构热工性能检测；

5）当建筑应用可再生能源时，需测算可再生能源的效益；当建筑应用再生水时，需测算再生水的效益；

6）测算节能改造措施的节能量及其投资额。

建筑室内环境品质中空气质量状况检查，应分别对建筑不同功能的有代表性的房间或区域开展正常使用情况下的室内环境品质中空气质量状况检测。检测数量和内容应符合下列规定：

1）检测数量：按照本文3.2.2（3）的要求。

2）检测内容：包括CO_2、VOC、PM2.5等浓度，并评判所检测的房间或区域室内环境品质中空气质量是否符合相关国家现行标准的规定，室内环境实测记录表格见附表7.4。

建筑主要用能系统审计工作主要是对用能系统能效性能进行检测，检测范围主要包括以下内容，应根据实际情况开展检测：

1）制冷机组性能检测的参数应包括：制冷机组和制冷系统能效比、制冷机组耗电功率、冷冻水供/回水温度和流量、冷却水供/回水温度和流量、室外温度和湿度等；

2）制热机组性能检测的参数应包括：制热机组性能系数、制热机组耗电功率、热水供/回水温度和流量、室外温度等；

3）锅炉性能检测的参数应包括：锅炉效率、热水供/回水温度和流量等；

4）水泵性能检测的参数应包括：水泵电功率、水泵流量、水泵进出口压力等；

5）空调机组性能检测的参数应包括：组合式空调机组风量、组合式空调机组风机输入功率、组合式空调机组风机单位风量耗功率、组合式空调机组送回风温度、组合式空调机组进出水温度和流量等；

6）太阳能热水性能检测的参数应包括：集热系统效率、集热系统得热量、贮热水箱热损因数、供热水温度、室外温度等；

7）地源热泵性能检测的参数应包括：室内温湿度、热泵机组性能系数和系统能效比；

8）再生水性能检测的参数应包括：化学需氧量、悬浮物、色度、pH、氨氮等；

9）双方商定的其他详细检测项目。

根据三级能源审计要求和建筑实际情况，分析节能改造措施及其节能量，同时对实施节能改造所需的费用及回收期等进行概算。

3.2.3 审计方法

建筑面积、空调面积、采暖面积、建筑分项面积计算应根据建筑竣工图纸和实际使用情况确定。建筑面积取外墙外边界围成面积的总和计算，包括半地下室、地下室的面积，但不包括车库面积。建筑能耗总量应采用建筑用能记录或能源账单，必须说明记录日期。

建筑能耗指标等于建筑年耗除以建筑面积：

$$e=\frac{E}{A} \tag{3.13}$$

式中 e——建筑能耗指标，kW·h/(m²·a)；

E——建筑年能耗，kW·h；

A——建筑面积，m²。

暖通空调系统能耗指标等于建筑供冷和供暖的能耗分别除以建筑空调面积和采暖

面积：

$$e_{H/C}=\frac{E_{H/C}}{A_{H/C}} \tag{3.14}$$

式中 $e_{H/C}$——建筑采暖或空调能耗指标，kW·h/(m²·a)；

$E_{H/C}$——建筑年供暖或空调能耗，kW·h；

$A_{H/C}$——建筑供暖面积或空调面积，m²。

照明插座、动力设备、生活热水系统能耗指标等于该系统或设备年能耗除以建筑面积。医院、商业综合体等功能较为复杂的建筑，可根据建筑功能按同类建筑可比较的原则，计算人均能耗指标、单位床位的能耗指标或单位人流量能耗指标。

（1）建筑分项能耗

1）有分项计量系统

当建筑有能耗分项计量系统时，应优先根据计量结果确定分项能耗。当能耗分项计量系统有个别支路出现不同用能设备混接时，可根据下文“无分项计量系统”规定的方法进行计算和拆分。

① 分项计量数据有效性检验

根据分项计量装置量程范围进行检验，凡超出计量装置量程范围采集读数属于无效数据，应予以剔除；

根据计量回路负载额定容量进行检验，凡超出所计量回路负载额定容量的采集读数属于无效数据，应予以剔除。

② 分项计量数据插值方法

分项计量数据缺失时，应采用一维插值方法补全缺失数据，常用的方法包括分段多项式插值与三次样条插值等，可采用 Excel、MATLAB 等统计分析工具进行插值计算。

2）无分项计量系统

当建筑内没有分项计量系统时，可根据变配电系统原理图及运行记录、设备运行记录、主要设备/主要支路的现场实测能耗、设备铭牌等信息统计得到分项能耗数据。

① 非暖通空调系统分项能耗

照明系统和室内设备能耗计算可调查电气配电图纸，统计设备数量、功率、运行情况，将总功率与估算运行时间相乘得到。

电梯能耗可按电梯功率与运行时间相乘后再乘以同时使用系数计算。

其他用能设备的能耗计算，如有运行记录，则应根据运行记录和设备运行功率进行统计计算；如无运行记录，则应合理估算运行小时数，再计算全年能耗。

② 暖通空调系统分项能耗

在无法根据分项计量系统得到暖通空调系统能耗时，可根据暖通空调系统运行特点，按不同设备区分其能耗审计方法，审计小组可根据实际情况选择适合方法。

A. 制冷主机

方法一：采用运行记录中的逐时功率（或根据运行记录中的冷机负载率和电流计算冷主机的逐时功率），对全年运行时间进行积分；

方法二：若无逐时功率或逐时负载率、电流数据时，可将制冷主机的额定功率与当地同类建筑的当量满负荷运行小时数相乘得到。

B. 空调水泵

方法一：采用运行记录中的逐时功率（或根据运行记录中的逐时电流计算水泵的逐时功率），对全年运行时间进行积分；

方法二：在没有相关运行记录时，区分以下两种方法：

a. 定速运行或虽然采用变频但频率基本不变的水泵能耗计算，可实测各水系统中不同的启停组合下水泵的单点功率，根据运行记录统计各启停组合实际出现的小时数，计算每种启停组合的全年电耗之和；

b. 变频水泵能耗计算，可实测各水系统在不同启停组合下工频时水泵的运行能耗，再根据逐时水泵频率的运行记录计算逐时水泵能耗，并对全年运行时间进行积分。

C. 空调末端设备

空调机组、冷却塔、新风机组和通风机等设备能耗计算方法与水泵类似。风机盘管能耗计算应统计建筑中各区域风机盘管的数量和功率，并通过访谈、现场观察等方式合理估计开启率和运行时间。

分体空调能耗计算应统计建筑中所有分体空调的数量和功率，通过访谈、现场观察等方式合理估计开启率和运行时间。

D. 热源

a. 当采用自备热源时，根据运行记录或燃料费账单统计热源消耗的燃料量；热源消耗的电量可认为是恒定值，用实测功率乘以运行时间得到。

b. 在采用市政热力时，应根据热量表读数计算；在没有安装热量表时，若换热器二次侧为定流量系统，且有二次水系统逐时进出口水温或温差的运行记录，则可实测二次水系统的流量计算得到。

（2）分项能耗平衡检验

得到分项能耗数据后，应以能源账单的总能耗信息为依据，进行分项能耗平衡检验，分项能耗和总能耗的偏离率不应超过15%。若不满足平衡校核条件，应采取以下方法：

1）对于有分项计量系统的建筑，应对分项计量系统计量范围重新审查，如有未纳入分项计量系统的设备，应按照本书3.2.3中第2）节中规定的方法进行计算；

2）对于无分项计量系统的建筑，应调整分项能耗数据的设定值，重新计算。

当进行三级审计的时候，可通过能耗模拟、测试分析或其他合理的方法综合分析暖通空调能耗、照明能耗在不同条件下的节能潜力。

3.2.4　审计报告

（1）总体要求

一级能源审计报告应列出审计目的、范围、依据及审计过程的简介；应结合被审计单位的建筑基本信息、用能设备信息和用能现状，给出建筑总能耗指标并进行对标分析。

二级能源审计报告除应满足上条规定外，还应结合被审计单位的能源管理状况、主要用能设备和系统的特性、运行状况，根据审计要求和建筑实际存在的问题给出审计结果和节能改造建议。

三级能源审计报告除应满足上两条规定外，还应提出节能改造措施，并量化分析其节能量、投资额及投资回收期。

在审计报告的扉页应注明审计日期、报告编制单位和审计小组主要成员名单，同时应有编写人、审核人及批准人签字。能源审计过程中收集到的重要资料可作为审计报告的附件。

(2) 章节结构及内容要求

建筑能源审计报告按照以下格式撰写：

第一章 能源审计概况

1 审计目的

2 审计依据

3 审计周期

4 审计范围

5 审计等级

6 建筑基本信息

7 用能系统概况

第二章 建筑能源管理（适用于二级、三级能源审计）

开展能源审计时，应对建筑能源管理状况进行描述，可包括下列内容：

1 建筑能源管理机构

2 建筑能源管理方针和目标

3 建筑用能设备使用、计量及管理

4 建筑用能管理制度

5 建筑节能改造

第三章 建筑能耗分析

1 建筑总能耗分析、指标计算及对标分析

2 能源种类构成及占比分析

3 逐月能耗分析

对审计周期内1年及以上的逐月能耗分析，逐月能耗波动异常的建筑应根据调研结果给予说明。

4 分项能耗拆分（适用于二级、三级能源审计）审计周期内建筑用能分项能耗的拆分结果。

第四章 建筑室内环境检测

应说明室内环境检测的基本信息、检测结果以及对检测结果的分析评价，并应分析通过检测发现的室内环境问题。

第五章 建筑节能专项检测（适用于三级能源审计）

开展三级能源审计时，应说明节能专项检测的检测内容、检测基本信息、检测结果以及对检测结果的分析评价，并应分析通过检测发现的问题。

第六章 节能潜力分析及建议（适用于二级、三级能源审计）

1 二级能源审计节能潜力分析及建议应包括能源管理和用能系统存在问题及节能改造建议。

2 三级能源审计除应满足二级能源审计要求外，还应提出节能改造方案，并分析其节能量、投资额及投资回收期。

第七章 审计结论

1 一级能源审计的审计结论应包括下列内容：

1）建筑总能耗指标值

2）建筑能耗分类指标值

3）建筑能耗对标结果

4）室内环境检测结果

2 二级能源审计的审计结论除应满足一级能源审计的相关要求外，还应包括以下内容：

1）建筑各分项能耗的指标值

2）主要的节能改造建议

3 三级能源审计的审计结论除应满足一级、二级能源审计的相关要求外，还应包括以下内容：

1）节能专项检测结果

2）节能改造初步方案及技术经济分析结论

3.3 能源监管

中国建筑（公共机构）能耗的总量逐年上升，在能源总消费量中所占的比例已从20世纪70年代末的10%，上升到近年的超过30%。2006年，《中华人民共和国国民经济和社会发展第十一个五年规划纲要》提出了“十一五”期间单位国内生产总值能耗降低20%左右，主要污染物排放总量减少10%的约束性指标。于是，2007年开始，国家分批在大型公共建筑较为集中且具备一定工作基础的省市开展国家机关办公建筑与大型公共建筑节能监管体系建设示范工作。2008年10月1日，中华人民共和国国务院令第531号发布的《公共机构节能条例》正式执行，该条例是为了推动公共机构节能，提高公共机构能源利用效率，发挥公共机构在全社会节能中的表率作用，根据《中华人民共和国节约能源法》而制定。条例于2017年3月1日根据《国务院关于修改和废止部分行政法规的决定》进行了修订。

新条例要求推动公共机构实行能源消费计量制度，区分用能种类、用能系统实行能源消费分户、分类、分项计量，加强对能源消耗状况的实时监测；要求统计能源消费、记录能源消费计量原始数据，建立统计台账；开展节能诊断、设计、融资、改造和运行管理。新条例对国务院和县级以上地方各级人民政府管理机关事务工作的机构的保障措施进行了明确，要求机构应当会同有关部门加强对本级公共机构节能情况进行监督检查，特别要对节能规章制度不健全、超过能源消耗定额使用能源情况严重的公共机构应当进行重点监督检查。

2017年底，我国的国家机关办公建筑和大型公共建筑能耗监测系统建设已经覆盖了全国33个省市自治区，全国累计对11000余栋建筑实施了能耗监测，构建形成了建筑能耗监测数据库，基本实现了能耗数据的监测和上传。

3.3.1 建筑能耗监测系统分项能耗数据采集技术

能耗监测系统是指通过对国家机关办公建筑和大型公共建筑安装分类和分项能耗计量装置，采用远程传输等手段及时采集能耗数据，实现重点建筑能耗的在线监测和动态分析功能的硬件系统和软件系统的统称。能耗监测系统由数据采集子系统、数据中转站和数据中心组成。数据采集子系统由监测建筑中的各计量装置、数据采集器和数据采集软件系统组成。数据中转站接收并缓存其管理区域内监测建筑的能耗数据，并上传到数据中心。数据中转站可不具备处理分析数据和永久性存储数据的功能。数据中心接收并存储其管理区域内监测建筑和数据中转站上传的数据，并对其管理区域内的能耗数据进行处理、分析、展示和发布。数据中心分为部级数据中心、省（自治区、直辖市）级数据中心和市级数据中心。市级和省（自治区、直辖市）级数据中心应将各种分类能耗汇总数据逐级上传。部级数据中心对各省（自治区、直辖市）级数据中心上报的能耗数据进行分类汇总后形成国家级的分类能耗汇总数据，并发布全国和各省（自治区、直辖市）的能耗数据统计报表以及各种分类能耗汇总表。

建筑能耗监测系统采集的能耗信息应全面、准确，客观反映建筑运营过程中对于各类能源的消耗。采集的信息应便于对建筑能耗数据归类、统计和分析。建筑能耗监测信息由建筑基本信息和能耗数据两部分组成。

3.3.2 能源监管的能耗数据采集

（1）能耗数据分项分类

依据《国家机关办公建筑和大型公共建筑分项能耗数据采集技术导则》，分类能耗是指根据国家机关办公建筑和大型公共建筑消耗的主要能源种类划分进行采集和整理的能耗数据，如：电、燃气、水等。

分项能耗是指根据国家机关办公建筑和大型公共建筑消耗的各类能源的主要用途划分进行采集和整理的能耗数据，如：空调用电、动力用电、照明用电等。

根据建筑的使用功能和用能特点，将国家机关办公建筑和大型公共建筑分为8类。

1）办公建筑；

2）商场建筑；

3）宾馆饭店建筑；

4）文化教育建筑；

5）医疗卫生建筑；

6）体育建筑；

7）综合建筑；

8）其他建筑。其他建筑指除上述7种建筑类型外的国家机关办公建筑和大型公共建筑。

建筑基本情况数据采集指标根据建筑规模、建筑功能、建筑用能特点划分为基本项和附加项。基本项为建筑规模和建筑功能等基本情况的数据，8类建筑对象的基本项均包括建筑名称、建筑地址、建设年代、建筑层数、建筑功能、建筑总面积、空调面积、采暖面积、建筑空调系统形式、建筑采暖系统形式、建筑体形系数、建筑结构形式、建筑外墙材料形式、建筑外墙保温形式、建筑外窗类型、建筑玻璃类型、窗框材料类型、经济指标（电价、水价、气价、热价）、填表日期、能耗监测工程验收日期。附加项为区分建筑用能特点情况的建筑基本情况数据，8类建筑对象的附加项分别包括：

1）办公建筑：办公人员人数；

2）商场建筑：商场日均客流量、运营时间；

3）宾馆饭店建筑：宾馆星级（饭店档次）、宾馆入住率、宾馆床位数量；宾馆饭店档次见《餐饮企业的等级划分和评定》GB/T 13391—2009的相关规定；

4）文化教育建筑：影剧院建筑和展览馆建筑的参观人数、学校学生人数等；

5）医疗卫生建筑：医院等级、医院类别（专科医院或综合医院）、就诊人数、床位数；

6）体育建筑：体育馆建筑客流量或上座率；

7）综合建筑：综合建筑中不同建筑功能区中区分建筑用能特点情况的建筑基本情况数据；

8）其他建筑：其他建筑中区分建筑用能特点情况的建筑基本情况数据。

1）分类能耗

分类能耗是根据国家机关办公建筑和大型公共建筑消耗的主要能源种类划分进行采集和整理的能耗数据，如：电、燃气、水等。

根据建筑用能类别，分类能耗数据采集指标为6项，包括：

① 电量：建筑统计周期内消费的总电量；

② 水耗量：建筑统计周期内的实际用水量，水消费量主要包括自来水、自备井供水、桶装水等；

③ 燃气量（天然气量或煤气量）：建筑统计周期内消费的总燃气量（天然气量或煤气量），一是集中供应和使用的，由燃气公司提供能耗数据，二是分户购买、使用的，逐户调查和累加各用户消费量；

④ 集中供热耗热量：建筑统计周期内的集中供热耗热量；

⑤ 集中供冷耗冷量：建筑统计周期内的集中供冷耗冷量；

⑥ 其他能源应用量：如集中热水供应量、煤、油、可再生能源等，建筑统计周期内使用的其他能源数据。

2）分项能耗

分项能耗是指根据国家机关办公建筑和大型公共建筑消耗的各类能源的主要用途划分进行采集和整理的能耗数据。分项能耗中电量应分为4个分项，包括照明插座用电、空调用电、动力用电和特殊用电。电量的4个分项是必分项，各分项可根据建筑用能系统的实际情况灵活细分为一级子项和二级子项，是选分项，其他分类能耗不应分项。

① 照明插座用电

照明插座用电是指建筑物主要功能区域的照明、插座等室内设备用电的总称。照明插座用电共3个子项，包括照明和插座用电、走廊和应急照明用电、室外景观照明用电。

照明和插座是指建筑物主要功能区域的照明灯具和从插座取电的室内设备，如计算机等办公设备；若空调系统末端用电不可单独计量，空调系统末端用电应计算在照明和插座子项中，包括全空气机组、新风机组、空调区域的排风机组、风机盘管和分体式空调器等。

走廊和应急照明是指建筑物的公共区域灯具，如走廊等的公共照明设备。

室外景观照明是指建筑物外立面用于装饰用的灯具及用于室外园林景观照明的灯具。

② 空调用电

空调用电是为建筑物提供空调、采暖服务的设备用电的统称。空调用电共两个子项，包括冷热站用电、空调末端用电。

冷热站是空调系统中制备、输配冷量的设备总称。常见的系统主要包括冷水机组、冷冻泵（一次冷冻泵、二次冷冻泵、冷冻水加压泵等）、冷却泵、冷却塔风机等和冬季有采暖循环泵（采暖系统中输配热量的水泵；对于采用外部热源、通过板换供热的建筑，仅包括板换二次泵；对于采用自备锅炉的，包括一、二次泵）。

空调末端是指可单独测量的所有空调系统末端，包括全空气机组、新风机组、空调区域的排风机组、风机盘管和分体式空调器等。

③ 动力用电

动力用电是集中提供各种动力服务（包括电梯、非空调区域通风、生活热水、自来水加压、排污等）的设备（不包括空调采暖系统设备）用电的统称。动力用电共 3 个子项，包括电梯用电、水泵用电、通风机用电。

电梯是指建筑物中所有电梯（包括货梯、客梯、消防梯、扶梯等）及其附属的机房专用空调等设备。

水泵是指除空调采暖系统和消防系统以外的所有水泵，包括自来水加压泵、生活热水泵、排污泵、中水泵等。

通风机是指除空调采暖系统和消防系统以外的所有风机，如车库通风机，厕所排风机等。

④ 特殊用电

特殊区域用电是指不属于建筑物常规功能的用电设备的耗电量，特殊用电的特点是能耗密度高、占总电耗比重大的用电区域及设备。特殊用电包括信息中心、洗衣房、厨房餐厅、游泳池、健身房或其他特殊用电。

以上 4 个分项中，空调用电项宜分为一、二级子项；其余项可根据建筑用能系统的实际情况灵活细分为一级子项和二级子项，具体如表 3.1 和表 3.2 所示。

分项能耗一级子项编码 **表 3.1**

分项能耗	分项能耗编码	一级子项	一级子项编码
照明插座用电	A	照明与插座	1
		走廊与应急	2
		室外景观照明	3
空调用电	B	冷热站	1
		空调末端	2
动力用电	C	电梯	1
		水泵	2
		通风机	3

续表

分项能耗	分项能耗编码	一级子项	一级子项编码
特殊用电	D	信息中心	1
		洗衣房	2
		厨房餐厅	3
		游泳池	4
		健身房	5
		其他	6

分项能耗二级子项编码 **表3.2**

二级子项	二级子项编码	二级子项	二级子项编码
冷冻泵	A	冷塔	D
冷却泵	B	热水循环泵	E
冷机	C	电锅炉	F

(2) 能耗数据采集方法

能耗数据采集方式包括人工采集方式和自动采集方式。

1) 人工采集方式

通过人工采集方式采集的数据包括3.3.2(1)节建筑基本情况数据采集指标和其他不能通过自动方式采集的能耗数据，如建筑消耗的煤、液化石油、人工煤气、汽油、煤油、柴油等能耗量。

2) 自动采集方式

通过自动采集方式采集的数据包括建筑分项能耗数据和分类能耗数据。由自动计量装置实时采集，通过自动传输方式实时传输至数据中转站或数据中心。

(3) 能耗数据质量控制

国家机关办公建筑和大型公共建筑能耗监测系统所采集各类数据应保证数据的可靠性、准确性和完整性。所以应对国家机关办公建筑和大型公共建筑能耗监测系统所采集各类数据的质量进行科学评估。能耗监测系统建成验收时和建成验收后，每隔12个月均应定期进行数据的大数审核，发现较大误差或错误应采取及时必要的更正措施。大数审核内容主要包括：

1) 人工方式

通过人工方式采集的建筑基本情况的基本项数据必须齐全，按照3.3.2(1)规定的格式和要求填写。

2) 自动方式

通过自动方式采集的建筑分项能耗数据和分类能耗数据，应能真实反映建筑能耗动态变化的状态，保障采集数据的实时性、正确性和合理性。各项数据应均符合数据有效性验证的相关规定，并应符合相应精度的要求，其增减、高低变化应在合理范围之中并符合逻辑性。

(4) 能耗数据处理方法

1) 数据有效性验证

① 计量装置采集数据一般性验证方法：根据计量装置量程的最大值和最小值进行验证，凡小于最小值或者大于最大值的采集读数属于无效数据。

② 电表有功电能验证方法：除了需要进行一般性验证外还要进行二次验证，其方法是：两次连续数据采读数据增量和时间差计算出功率，判断功率不能大于本支路耗能设备的最大功率的 2 倍。

2）分项能耗数据计算

各分项能耗增量应根据各计量装置的原始数据增量进行数学计算，同时计算得出分项能耗日结数据，分项能耗日结数据是某一分项能耗在一天内的增量和当天采集间隔时间内的最大值、最小值、平均值；根据分项能耗的日结数据，进而计算出逐月、逐年分项能耗数据及其最大值、最小值与平均值。

当电表有功电能的出现满刻度跳转时，必须在采集数上增加电表的最大输出数，保证计算处理结果的正确性。

3）各类相关能耗指标的计算方法

① 建筑面积

依据国家标准《建筑工程建筑面积计算规范》GB/T 50353—2013，建筑面积即建筑物（包括墙体）所形成的楼地面面积，计算方法如下：

建筑物的建筑面积应按自然层（按楼地面结构分层的楼层）外墙结构外围水平面积之和计算，结构层高（楼面或地面结构层上表面至上部结构层上表面之间的垂直距离）在 2.2m 及以上的，应计算全面积；结构层高在 2.2m 以下的，应计算 1/2 面积。

建筑物内设有局部楼层时，对于局部楼层的二层及以上楼层，有围护结构（围合建筑空间的墙体、门、窗）的应按其围护结构外围水平面积计算，无围护结构的应按其结构底板水平面积计算。

结构层高在 2.2m 及以上的，应计算全面积；结构层高在 2.2m 以下的，应计算1/2 面积。

形成建筑空间（以建筑界面限定的、供人们生活和活动的场所）的坡屋顶，结构净高（楼面或地面结构层上表面至上部结构层下表面之间的垂直距离）在 2.1m 及以上的部位应计算全面积；结构净高在 1.2m 及以上至 2.1m 以下的部位应计算 1/2 面积；结构净高在 1.2m 以下的部位不应计算建筑面积。

场馆看台下的建筑空间，结构净高在 2.1m 及以上的部位应计算全面积；结构净高在 1.2m 及以上至 2.1m 以下的部位应计算 1/2 面积；结构净高在 1.2m 以下的部位不应计算建筑面积。室内单独设置的有围护设施（为保障安全而设置的栏杆、栏板等围挡）的悬挑看台，应按看台结构底板水平投影面积计算建筑面积。有顶盖无围护结构的场馆看台应按其顶盖水平投影面积的 1/2 计算面积。

地下室（室内地平面低于室外地平面的高度超过室内净高的 1/2 的房间）、半地下室（室内地平面低于室外地平面的高度超过室内净高的 1/3，且不超过 1/2 的房间）应按其结构外围水平面积计算。结构层高在 2.2m 及以上的，应计算全面积；结构层高在 2.2m 以下的，应计算 1/2 面积。

出入口外墙外侧坡道有顶盖的部位，应按其外墙结构外围水平面积的 1/2 计算面积。

建筑物架空层（仅有结构支撑而无外围护结构的开敞空间层）及坡地建筑物吊脚架空层，应按其顶板水平投影计算建筑面积。结构层高在2.2m及以上的，应计算全面积；结构层高在2.2m以下的，应计算1/2面积。

建筑物的门厅、大厅应按一层计算建筑面积，门厅、大厅内设置的走廊应按走廊结构底板水平投影面积计算建筑面积。结构层高在2.2m及以上的，应计算全面积；结构层高在2.2m以下的，应计算1/2面积。建筑物间的架空走廊（专门设置在建筑物的二层或二层以上，作为不同建筑物之间水平交通的空间），有顶盖和围护结构的，应按其围护结构外围水平面积计算全面积；无围护结构、有围护设施的，应按其结构底板水平投影面积计算1/2面积。

立体书库、立体仓库、立体车库，有围护结构的，应按其围护结构外围水平面积计算建筑面积；无围护结构、有围护设施的，应按其结构底板水平投影面积计算建筑面积。无结构层的应按一层计算，有结构层（整体结构体系中承重的楼板层）的应按其结构层面积分别计算。结构层高在2.2m及以上的，应计算全面积；结构层高在2.2m以下的，应计算1/2面积。

有围护结构的舞台灯光控制室，应按其围护结构外围水平面积计算。结构层高在2.2m及以上的，应计算全面积；结构层高在2.2m以下的，应计算1/2面积。

附属在建筑物外墙的落地橱窗，应按其围护结构外围水平面积计算。结构层高在2.2m及以上的，应计算全面积；结构层高在2.2m以下的，应计算1/2面积。

窗台与室内楼地面高差在0.45m以下且结构净高在2.1m及以上的凸（飘）窗，应按其围护结构外围水平面积计算1/2面积。

有围护设施的室外走廊（挑廊）（挑出建筑物外墙的水平交通空间），应按其结构底板水平投影面积计算1/2面积；有围护设施（或柱）的檐廊（建筑物挑檐下的水平交通空间），应按其围护设施（或柱）外围水平面积计算1/2面积。

门斗（建筑物入口处两道门之间的空间）应按其围护结构外围水平面积计算建筑面积。结构层高在2.2m及以上的，应计算全面积；结构层高在2.2m以下的，应计算1/2面积。

门廊（建筑物入口前有顶棚的半围合空间）应按其顶板水平投影面积的1/2计算建筑面积；有柱雨篷应按其结构板水平投影面积的1/2计算建筑面积；无柱雨篷的结构外边线至外墙结构外边线的宽度在2.1m及以上的，应按雨篷结构板的水平投影面积的1/2计算建筑面积。

设在建筑物顶部的、有围护结构的楼梯间、水箱间、电梯机房等，结构层高在2.2m及以上的应计算全面积；结构层高在2.2m以下的，应计算1/2面积。

围护结构不垂直于水平面的楼层，应按其底板面的外墙外围水平面积计算。结构净高在2.1m及以上的部位，应计算全面积；结构净高在1.2m及以上至2.1m以下的部位，应计算1/2面积；结构净高在1.2m以下的部位，不应计算建筑面积。

建筑物的室内楼梯、电梯井、提物井、管道井、通风排气竖井、烟道，应并入建筑物的自然层计算建筑面积。有顶盖的采光井应按一层计算面积，结构净高在2.1m及以上的，应计算全面积，结构净高在2.1m以下的，应计算1/2面积。

室外楼梯应并入所依附建筑物自然层，并应按其水平投影面积的1/2计算建筑面积。

在主体结构内的阳台，应按其结构外围水平面积计算全面积；在主体结构外的阳台，应按其结构底板水平投影面积计算1/2面积。

有顶盖无围护结构的车棚、货棚、站台、加油站、收费站等，应按其顶盖水平投影面积的1/2计算建筑面积。

以幕墙作为围护结构的建筑物，应按幕墙外边线计算建筑面积。

建筑物的外墙外保温层，应按其保温材料的水平截面积计算，并计入自然层建筑面积。

与室内相通的变形缝（防止建筑物在某些因素作用下引起开裂甚至破坏而预留的构造缝），应按其自然层合并在建筑物建筑面积内计算。对于高低联跨的建筑物，当高低跨内部连通时，其变形缝应计算在低跨面积内。

对于建筑物内的设备层、管道层、避难层等有结构层的楼层，结构层高在2.2m及以上的，应计算全面积；结构层高在2.2m以下的，应计算1/2面积。

下列项目不应计算建筑面积：

A. 与建筑物内不相连通的建筑部件；

B. 骑楼（建筑底层沿街面后退且留出公共人行空间的建筑物）、过街楼（跨越道路上空并与两边建筑相连接的建筑物）底层的开放公共空间和建筑物通道（为穿过建筑物而设置的空间）；

C. 舞台及后台悬挂幕布和布景的天桥、挑台等；

D. 露台、露天游泳池、花架、屋顶的水箱及装饰性结构构件；

E. 建筑物内的操作平台、上料平台、安装箱和罐体的平台；

F. 勒脚（在房屋外墙接近地面部位设置的饰面保护构造）、附墙柱、垛、台阶、墙面抹灰、装饰面、镶贴块料面层、装饰性幕墙，主体结构外的空调室外机搁板（箱）、构件、配件，挑出宽度在2.1m以下的无柱雨篷和顶盖高度达到或超过两个楼层的无柱雨篷；

G. 窗台与室内地面高差在0.45m以下且结构净高在2.1m以下的凸（飘）窗，窗台与室内地面高差在0.45m及以上的凸（飘）窗；

H. 室外爬梯、室外专用消防钢楼梯；

I. 无围护结构的观光电梯；

J. 建筑物以外的地下人防通道，独立的烟囱、烟道、地沟、油（水）罐、气柜、水塔、贮油（水）池、贮仓、栈桥等构筑物。

② 空调面积

依据国家标准《空气调节系统经济运行》GB/T 17981—2007对空调面积的定义，由空调系统设备提供降温、除湿服务的区域的面积。空调区域中的走廊、墙体均应计入空调面积；空调区域与非空调区域邻接时，应取墙中线计算。

③ 各类指标计算方法

建筑总能耗：建筑总能耗为建筑各分类能耗（除水耗量外）所折算的标准煤量之和，即：建筑总能耗＝总用电量折算的标准煤量＋总燃气量（天然气量或煤气量）折算的标准煤量＋集中供热耗热量折算的标准煤量＋集中供冷耗冷量折算的标准煤量＋建筑所消耗的其他能源应用量折算的标准煤量。各类能源折算成标准煤的理论折算值见附录1。

总用电量为：总用电量＝∑各变压器总表直接计量值

分类能耗量为：分类能耗量＝∑各分类能耗计量表的直接计量值

分项用电量为：分项用电量＝∑各分项用电计量表的直接计量值

单位建筑面积用电量为：单位建筑面积用电量＝总用电量/总建筑面积

单位空调面积用电量为：单位空调面积用电量＝总用电量/总空调面积

单位建筑面积分类能耗量为：单位面积分类能耗量＝分类能耗量直接计量值/总建筑面积

单位空调面积分类能耗量为：单位空调面积分类能耗量＝分类能耗量直接计量值/总空调面积

单位建筑面积分项用电量为：单位面积分项用电量＝分项用电量直接计量值/总建筑面积

单位空调面积分项用电量为：单位空调面积分项用电量＝分项用电量直接计量值/总空调面积

建筑总能耗为：建筑各分类能耗（除水耗量外）所折算标准煤量之和，即：建筑总能耗＝总用电量折算标准煤量＋总燃气量（天然气量或煤气量）折算标准煤量＋集中供热耗热量折算标准煤量＋集中供冷耗冷量折算标准煤量＋建筑所消耗的其他能源应用量折算标准煤量。

（5）能耗数据采集、上传频率和内容

1）能耗数据采集频率

分项能耗数据的采集频率为15min/次到1h/次之间，数据采集频率可根据具体需要灵活设置。

2）数据中转站能耗数据的上传

数据中转站向数据中心上传数据的频率为6h/次，上传数据为本数据中转站管理区域内各监测建筑原始能耗数据的汇总。

3）数据中心能耗数据的上传

省（自治区、直辖市）级数据中心、市级数据中心所上传的数据为建筑逐时分类能耗数据和分项能耗数据。建筑逐时分类能耗数据和分项能耗数据是对各监测建筑原始能耗数据按照1h的时间间隔进行汇总和处理后的数据，分类能耗数据和分项能耗数据的具体计算方法参见3.3.2（4），将按不同频率接收的数据统一处理为逐时数据后逐级上传。市级数据中心向省（自治区、直辖市）级数据中心上传数据的频率和省（自治区、直辖市）级数据中心向部级数据中心上传数据的频率均为24h/次。

4）建筑基本情况数据上传频率和内容

建筑基本情况数据初次录入时应逐级上传，当发生变化时应重新逐级上传。各级所上传的建筑基本情况数据均应包括基本项和附加项的完整内容。

3.3.3 能耗监管的数据展示

（1）部级数据展示

部级数据展示内容应包括：

1）国家、各省（自治区、直辖市）各类建筑的数量与建筑面积、建筑总数量与总建筑面积；

2）各省（自治区、直辖市）各类建筑的平均用能情况；

3）各省（自治区、直辖市）各类标杆建筑的能耗情况；

4）各省（自治区、直辖市）各类建筑的相关能耗指标的最大值、最小值、平均值；

5）不同区域同类建筑的相关能耗指标的比较；

6）国家、各省（自治区、直辖市）各类建筑或总体建筑的能耗变化趋势。

（2）省（自治区）级数据展示

省（自治区）级数据展示内容应包括：

1）本省（自治区）、各市各类建筑的数量与建筑面积、建筑总数量与总建筑面积；

2）本省（自治区）、各市各类建筑的平均用能情况；

3）本省（自治区）、各市标杆建筑的能耗指标；

4）本省（自治区）、各市各类建筑的相关能耗指标的最大值、最小值、平均值；

5）本省（自治区）、各市各类建筑或总体建筑的能耗变化趋势；

6）不同市同类建筑的相关能耗指标的比较。

（3）市级数据展示（只有设有数据中心的城市才具有市级数据展示）

市级数据展示内容应包括：

1）本市同类建筑的相关能耗指标的楼宇排序；

2）本市同类建筑标杆建筑能耗指标；

3）本市同类建筑相关能耗指标低于平均值的建筑；

4）本市各类建筑的相关指标的最大值、最小值、平均值。

（4）监测建筑数据展示

监测建筑数据展示应包括：

1）建筑的基本信息，能耗监测情况，能耗分类分项情况；

2）各监测支路的逐时原始读数列表；

3）各监测支路的逐时、逐日、逐月、逐年能耗值（列表和图）；

4）各类相关能耗指标图、表；

5）单个建筑相关能耗指标与同类参考建筑（如标杆值、平均值等）的比较（列表和图）。

（5）数据展示方式

数据展示内容可采用各种图表展示方式。图表展示方式应直观反映和对比各项采集数据和统计数据的数值、趋势和分布情况。图表展示方式包括：饼图、柱状图（普通柱状图以及堆积柱状图）、线图、区域图、分布图、混合图、甘特图、仪表盘或动画等。

3.3.4 能耗监管的数据编码规则

为保证能耗数据可进行计算机或人工识别和处理，保证数据得到有效的管理和支持高效率的查询服务，实现数据组织、存储及交换的一致性，制定本编码规则。

（1）能耗数据编码方法

能耗数据编码规则为细则层次代码结构，主要按7类细则进行编码，包括：行政区划代码编码、建筑类别编码、建筑识别编码、分类能耗指编码、分项能耗编码、分项能耗一级子项编码、分项能耗二级子项编码。编码后能耗数据由15位符号组成。若某一项目无须使用某编码时，则用相应位数的“0”代替。

1）行政区划代码编码

第1～6位数编码为建筑所在地的行政区划代码，按照《中华人民共和国行政区划代码》GB/T 2260执行，编码分到市、县（市）。原则上设区市不再分市辖区进行编码。我国主要省市行政区划代码详见附录8。

2）建筑类别编码

第7位数编码为建筑类别编码，用1位大写英文字母表示，如A、B、C…F。按表3.3编码编排。

建筑类别编码　　**表3.3**

建筑类别	编码	建筑类别	编码
办公建筑	A	医疗卫生建筑	E
商场建筑	B	体育建筑	F
宾馆饭店建筑	C	综合建筑	G
文化教育建筑	D	其他建筑	H

3）建筑识别编码

第8～10位数编码为建筑识别编码，用3位阿拉伯数字表示，如001、002、…、999。根据建筑基本情况数据采集指标，建筑识别编码应由建筑所在地的县市建设行政主管部门统一规定。建筑识别编码结合行政区划代码编码后，应保证各县市内任一建筑识别编码的唯一性。

4）分类能耗编码

第11、12位数编码为分类能耗编码，用2位阿拉伯数字表示，如01、02…可参照表3.4编排。

分类能耗编码　　**表3.4**

能耗分类	编码	能耗分类	编码
电	01	液化石油气	08
水	02	人工煤气	09
燃气（天然气或煤气）	03	汽油	10
集中供热量	04	煤油	11
集中供冷量	05	柴油	12
其他能源	06	可再生能源	13
煤	07		

5）分项能耗编码

第13位数编码为分项能耗编码，用1位大写英文字母表示，如A、B、C…可参照表3.5编排。

分项能耗编码 **表 3.5**

分项能耗	编码	分项能耗	编码
照明插座用电	A	动力用电	C
空调用电	B	特殊用电	D

① 分项能耗一级子项编码

第 14 位数编码为分项能耗一级子项编码，用 1 位阿拉伯数字表示，如 1、2、3…可参照表 3.1 编排。

② 分项能耗二级子项编码

第 15 位数编码为分项能耗二级子项编码，用 1 位大写英文字母表示，如 A、B、C…可参照表 3.2 编排。

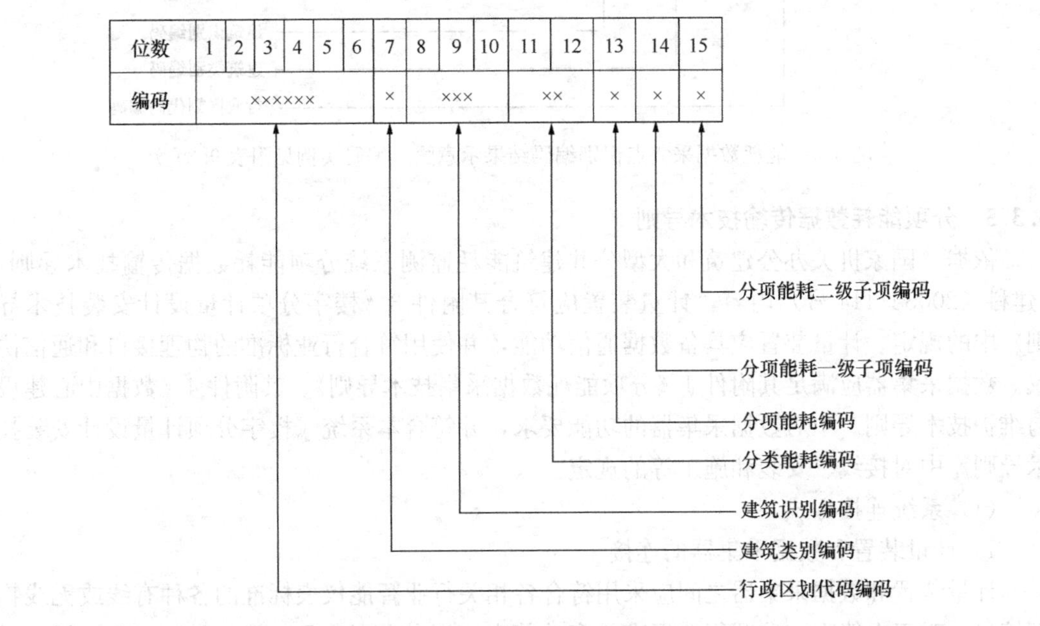

图 3.3 能耗数据编码结果示意图（编码实例见附表 9.1、附表 9.2）

(2) 能耗数据采集点识别编码方法

能耗数据采集点识别编码规则为细则层次代码结构，主要按 5 类细则进行编码，包括：行政区划代码编码、建筑类别编码、建筑识别编码、数据采集器识别编码和数据采集点识别编码。能耗数据采集点识别编码由 16 位符号组成。若某一项目无须使用某编码时，则用相应位数的“0”代替。

1）行政区划代码编码、建筑类别编码、建筑识别编码

行政区划代码编码（第 1～6 位）、建筑类别编码（第 7 位）、建筑识别编码（第 8～10 位）按照 3.3.4(1) 规定方法编码。

2）数据采集器识别编码

第 11、12 位数编码为数据采集器识别编码，用 2 位阿拉伯数字表示，如 01、02、03、…、99。根据单一建筑内的数据采集器布置数量，顺序编号。数据采集器识别编码应由建筑所在地的县市建设行政主管部门统一规定。

3）数据采集点识别编码

第13～16位数编码为数据采集点识别编码，用4位阿拉伯数字表示，如0001、0002、0003、…、9999，根据单一建筑内数据采集点的数量顺序编号。

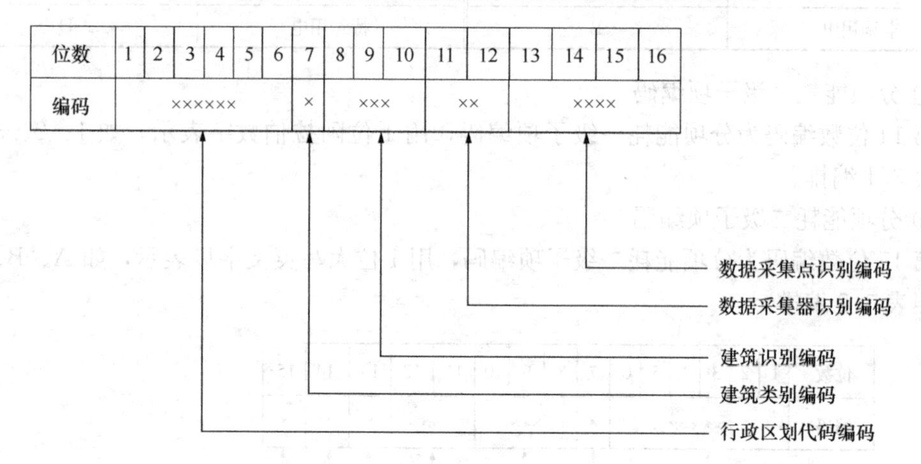

图3.4 能耗数据采集点识别编码结果示意图（编码实例见附表9.3）

3.3.5 分项能耗数据传输技术导则

依据《国家机关办公建筑和大型公共建筑能耗监测系统分项能耗数据传输技术导则》（建科〔2008〕114号）内容，计量装置应符合其附件3《楼宇分项计量设计安装技术导则》中的规定。计量装置应具备数据通信功能，并使用符合行业标准的物理接口和通信协议。数据采集器应满足其附件1《分项能耗数据采集技术导则》、其附件4《数据中心建设与维护技术导则》中对数据采集器的功能要求，并符合本系统《楼宇分项计量设计安装技术导则》中对接线、安装和施工等的规定。

（1）系统连接方式

1）计量装置和数据采集器的连接

计量装置和数据采集器之间应采用符合各相关行业智能仪表标准的各种有线或无线物理接口。对于电能表，参照行业标准《多功能电表通信规约》DL/T 645—2007执行；对于水表、燃气表和热（冷）量表，参照行业标准《户用计量仪表数据传输技术条件》CJ/T 188—2018执行；数据采集器接入网络数据采集器应使用基于IP协议承载的有线或者无线方式接入网络。

2）数据中转站、数据中心和部级数据中心接入网络

数据中转站、数据中心和部级数据中心应使用专线方式接入传输网络，并具有固定IP地址或者网络域名。

（2）数据采集器功能要求

1）数据采集

数据采集器应支持根据数据中心命令采集和主动定时采集两种数据采集模式，且定时采集周期可以从10min到1h灵活配置；一台数据采集器应支持对不少于32台计量装置设备进行数据采集；一台数据采集器应支持同时对不同用能种类的计量装置进行数据采集，包括电能表（含单相电能表、三相电能表、多功能电能表）、水表、燃气表、热（冷）量表等。

2）数据处理

数据采集器应支持对计量装置能耗数据的解析；数据采集器应支持对计量装置能耗数据的处理，具体包括：

① 利用加法原则，从多个支路汇总某项能耗数据；

② 利用减法原则，从总能耗中除去不相关支路数据得到某项能耗数据；

③ 利用乘法原则，通过典型支路计算某项能耗数据。

根据远传数据包格式，在数据包中添加能耗类型、时间、楼栋编码等附加信息，进行数据打包。

3）数据存储

数据采集器应配置不小于16MB的专用存储空间，支持对能耗数据7～10天的存储。

4）数据远传

数据采集器应将采集到的能耗数据进行定时远传，一般规定分项能耗数据每15min上传1次，不分项的能耗数据每1h上传1次；在远传前数据采集器应对数据包进行加密处理；如因传输网络故障等原因未能将数据定时远传，则待传输网络恢复正常后数据采集器应利用存储的数据进行断点续传；数据采集器应支持向多个数据中心（服务器）并发送数据。

5）配置和维护

数据采集器应具有本地配置和管理功能；数据采集器应支持接收来自数据中心的查询、校时等命令；数据采集器应支持对数据采集子系统故障的定位和诊断，并支持向数据中心上报故障信息；对于故障计量装置的更换不能影响数据采集器其他部分的正常工作；数据采集器应具备自动恢复功能，在无人值守情况下可以从故障中恢复正常工作状态。

6）其他

数据采集器应符合国家和行业的相关电磁兼容性标准要求；数据采集器的平均无故障时间（MTBF）应不小于3万h；数据采集器应使用低功耗嵌入式系统，功率应小于10W，不应使用基于PC机的系统；严禁在数据采集器上设计后台程序，使数据采集器受到非法远程控制或私自远传数据包到其他服务器。

7）总结

针对数据传输中有关于“数据传输过程和通信协议”以及“应用层数据包格式”相关技术内容参见《住房和城乡建设部关于印发国家机关办公建筑和大型公共建筑能耗监测系统建设相关技术导则的通知》（建科〔2008〕114号）。

第4章 建筑节能改造

4.1 节能诊断简介

4.1.1 节能诊断目的

建筑节能诊断是一种建筑节能的科学管理和服务方法，其主要内容是对建筑能源使用的效率、消耗水平和能源利用的经济性进行客观考察，对建筑能源利用状况进行定量分析，对建筑能源利用效率、消耗水平、能源经济和环境效果进行审计、监测、诊断和评价，从而发现建筑节能的潜力。它的主要依据是，建筑物的能量平衡和能量梯级利用的原理、能源成本分析原理、工程经济与环境分析原理以及能源利用系统优化配置原理。

建筑在节能改造前进行节能诊断，是为了通过现场调查、检测以及对能源消费账单和设备历史运行记录的统计分析等，找到建筑物能源浪费的环节，给建筑的节能改造提供依据。

4.1.2 节能诊断内容

公共建筑节能改造前应对建筑物外围护结构热工性能、采暖通风空调及生活热水供应系统、供配电与照明系统、监测与控制系统进行节能诊断。

(1) 外围护结构热工性能

我国幅员辽阔，不同地区气候差异很大，公共建筑外围护结构节能改造时应考虑气候的差异。严寒、寒冷地区公共建筑外围护结构节能改造的重点应关注建筑本身的保温性能，夏热冬暖地区应重点关注建筑本身的隔热与通风性能，而夏热冬冷地区则二者均需兼顾，因此不同地区公共建筑外围护结构节能诊断的重点应有所差异。外围护结构的检测项目可根据建筑物所处气候区、外围护结构类型有所侧重，对上述检测项目进行选择性节能诊断。

建筑外围护结构热工性能，可以根据气候区和外围护结构的类型，对下列内容进行选择性节能诊断：传热系数，热工缺陷及热桥部位内表面温度，遮阳设施的综合遮阳系数，外围护结构的隔热性能，玻璃或其他透明材料的可见光透射比、遮阳系数；外窗、透明幕墙的气密性，房间气密性或建筑物整体气密性。

(2) 采暖通风空调及生活热水供应系统

由于不同公共建筑采暖通风空调及生活热水供应系统形式不同，存在问题不同，相应节能潜力也不同，节能诊断项目应根据具体情况选择确定。

采暖通风空调及生活热水供应系统，可以根据系统设置情况，对下列内容进行选择性节能诊断：建筑物室内的平均温度、湿度；冷水机组、热泵机组的实际性能系数；锅炉运行效率；水系统回水温度一致性；水系统供回水温差；水泵效率；水系统补水率；冷却塔冷却性能；冷源系统能效系数；风机单位风量耗功率；系统新风量；风系统平衡度；能量回收装置的性能；空气过滤器的积尘情况；管道保温性能。

(3) 供配电系统

供配电系统是为建筑内所有用电设备提供动力的设备，其系统状况及合理性直接影响了建筑节能用电的水平，故供配电系统节能诊断是对下列内容进行节能诊断：系统中仪表、电动机、电器、变压器等设备状况；供配电系统容量及结构；用电分项计量；无功补偿；供用电电能质量。

(4) 照明系统

照明系统诊断在于了解建筑是否采用节能灯具、照明耗电是否满足要求、是否采用了分区控制等，因此照明系统诊断应包括下列内容：灯具类型；照明灯具效率和照度值；照明功率密度值；照明控制方式；有效利用自然光情况；照明系统节电率。

(5) 监测与控制系统

为降低运行能耗，相关系统需要进行必要地监测与控制，监测与控制系统节能诊断应包括下列内容：集中采暖与空气调节系统监测与控制的基本要求；生活热水监测与控制的基本要求；照明、动力设备监测与控制的基本要求；现场控制设备及元件状况。

为了解阀门型号和执行器是否配套，执行器的安装位置、方向是否符合产品要求，温度传感器精度、量程是否符合设计要求等情况。现场控制设备及元件节能诊断应包括下列内容：控制阀门及执行器选型与安装；变频器型号和参数；温度、流量、压力仪表的选型及安装；与仪表配套的阀门安装；传感器的准确性；控制阀门、执行器及变频器的工作状态。

(6) 综合诊断

综合诊断的目的是在外围护结构热工性能、采暖通风空调及生活热水供应系统、供配电与照明系统、监测与控制系统分项诊断的基础上，对建筑物整体节能性能进行综合诊断，并给出建筑物的整体能源利用状况和节能潜力。

公共建筑综合诊断应包括下列内容：公共建筑的年能耗量及其变化规律；能耗构成及各分项所占比例；针对公共建筑的能源利用情况，分析存在的问题和关键因素，提出节能改造方案；进行节能改造的技术经济分析；编制节能诊断报告。

4.1.3 节能诊断报告

诊断报告应包含以下内容：

(1) 建筑基本情况概述

1) 建筑基本信息，包括建筑类型、建筑面积、建筑层数、使用功能、建成年代、建筑竣工图等；

2) 建筑主要用能设备清单、改造前两年能耗数据、近两年度建筑主要用能设备系统运行记录等。

(2) 建筑主要用能设备系统概述

1) 建筑环境性能核查，包括建筑室外环境参数的核查，室内环境参数的测试，检验其参数设置的合理性；

2) 建筑围护结构性能核查，包括建筑墙体、窗户、幕墙、屋顶等的性能核查，检验其性能合理性；

3) 建筑用能设备性能核查，包括照明、电梯、空调、给水排水、供配电等用能系统及设备的性能核查，检验用能系统及设备性能合理性；

4）建筑用能设备运行管理核查，包括设备运行控制制度、设备维护制度、人员行为管理制度、系统运行管理体制分析等。

（3）建筑能耗统计与能源审计

1）建筑物能源管理现状，主要包括：建筑物能源管理机构及能源管理现状，并进行简单评价；

2）建筑能耗分析，主要包括：建筑全年逐月的常规能耗总量和耗水量，通过分拆计算得到的建筑分项能耗指标以及耗水量指标，简单分析建筑的能耗水平；

3）对建筑进行节能潜力分析，通过对建筑进行更深入的调研和测试，提出加强建筑节能和能源管理的建议；

4）对照《国家机关办公建筑和大型公建筑能源审计导则》对建筑进行等级评价，主要包括以下几个方面：室内热湿环境、室内空气质量、能源管理的组织、能源系统的计量和能源管理的实施。

（4）建筑用能系统调查测算与分析

1）建筑室外环境参数核查，室内参数测试，检验其参数设置是否满足现行国家及地方公共建筑节能设计标准规定。

2）建筑围护结构性能调查测算，包括建筑墙体、窗户、幕墙、屋顶及遮阳设施相关性能，了解建筑围护结构目前状态及其可改造程度，分析各检测参数性能是否满足现行国家及地方公共建筑节能设计标准规定，并分析围护结构的节能现状及节能潜力。

3）照明系统性能调查核查和测算，包括室内照度值、功率密度值、照明灯具节电率、公共区照明控制等，分析建筑室内照明环境满意程度，分析各测算参数是否满足现行国家及地方公共建筑节能设计标准规定并分析照明系统的节能潜力。

4）空调系统性能调查测算，包括建筑物室内的平均温湿度、冷热源机组/热泵机组实际性能系数、锅炉运行效率、水系统回水温度一致性、输配系统动力特性、管网水力平衡度、水泵效率、冷却塔性能、管网补水率、管网保温隔热性能等，分析各参数是否满足现行国家及地方公共建筑节能设计标准规定并分析采暖通风空调系统的节能环节和节能潜力。

5）供配电系统性能测试，对建筑供配电系统设备进行测试，分析建筑供配电系统不平衡率（包括三项电压的平衡度、功率因数、各次谐波电压和电流及谐波电压和电流总畸变率、电压偏差），分析系统不平衡率是否满足《电能质量三相电压不平衡》GBT 15543中的规定并分析其节能潜力。

6）监测与控制系统性能核查，包括建筑空调系统、照明、动力设备与控制系统的性能检测。建筑空气调节系统、水系统、风系统及机房的控制要求是否满足现行国家及地方公共建筑节能设计标准规定，照明、动力设备监测与控制系统性能应满足《公共建筑节能检测标准》JGJ/T 177—2009中的规定并分析其节能环节及节能潜力。

7）生活热水系统性能核查，包括对热水系统的设备效率、热水输配系统效率、热水管网性能等参数进行核查，分析各参数是否满足现行国家及地方公共建筑节能设计标准规定并分析其节能环节及节能潜力。

（5）建筑耗能系统综合诊断

在前面分项诊断的基础上进行综合诊断，综合诊断应包括公共建筑的年能耗量（电、气、油等）及其变化规律、能耗构成及各分项所占比例、针对公共建筑的能源利用情况，分析存在的问题和关键因素，并综合评估建筑物的节能潜力。

（6）建筑综合节能潜力分析

结合既有建筑能耗、图纸资料调查、设备系统现场调查测试结果，分析建筑物及其用能设备系统存在的问题，例如围护结构或者照明灯具等不满足设计标准、主要耗能系统效率过低、供配电系统三相不平衡等问题，综合评估建筑节能潜力。

（7）附件材料

1）工程竣工图和技术文件；

2）历年建筑修缮及改造记录；

3）相关设备技术参数及近两年的运行记录；

4）近两年油、电、水、燃气等建筑能源消费账单；

5）其他诊断过程中的相关资料。

4.2 节能改造简介

4.2.1 节能改造原理

建筑节能改造是指对不符合民用建筑节能强制性标准要求的既有建筑外围护结构、照明插座系统、动力系统、空调系统、生活热水供应系统、供配电系统、能耗监测及计量系统以及特殊（其他）用能系统等实施节能改造的活动。节能改造的原则是最大限度挖掘现有设备和系统的节能潜力，通过节能改造，降低高能耗环节，提高系统的实际运行能效。

节能改造内容的确定应根据目前系统的实际运行能效、节能改造的潜力以及节能改造的经济性综合确定，因此在改造前需要进行节能诊断。节能诊断涉及公共建筑外围护结构的热工性能、采暖通风空调及生活热水供应系统、供配电与照明系统以及监测与控制系统等方面的内容。通过现场调查、检测以及对能源消费账单和设备历史运行记录的统计分析等，找到建筑物能源浪费的环节，为建筑物的节能改造提供依据的过程。

4.2.2 节能改造要求

公共建筑节能改造的目的是节约能源消耗和改善室内热环境，但节约能源不能以降低室内热舒适度作为代价，所以要在保证室内热舒适环境的基础上进行节能改造。室内热舒适环境应该满足现行国家标准《民用建筑供暖通风与空气调节设计规范》GB 50736 和《公共建筑节能设计标准》GB 50189 的相关规定。

既有居住建筑节能改造应根据国家节能政策和国家现行有关居住建筑节能设计标准的要求，结合当地的地理气候条件、经济技术水平，因地制宜地开展全面的节能改造或部分的节能改造。实施全面节能改造后的建筑，其室内热环境和建筑能耗应符合国家现行有关居住建筑节能设计标准的规定。实施部分节能改造后的建筑，其改造部分的性能或效果应符合国家现行有关居住建筑节能设计标准的规定。

4.3　节能改造的主要途径

通过对建筑外围护结构的热工性能、采暖通风空调及生活热水供应系统、供配电与照明系统以及监测与控制系统等方面的内容进行节能诊断，根据节能诊断的结果，通过对建筑物的围护结构和用能设备采取一定的技术措施，或增设必要的用能设备，达到降低建筑运行能耗、改善既有建筑的室内环境和室内人员舒适度的目的。

4.3.1　公共建筑常用节能改造措施

（1）外围护结构

公共建筑外围护结构进行节能改造后，所改造部位的热工性能应符合现行国家标准《公共建筑节能设计标准》GB 50189 的规定性指标限制的要求。公共建筑的外围护结构节能改造应根据建筑自身特点，确定采用的构造形式以及相应的改造技术。保温、隔热、防水、装饰改造应同时进行。对原有外立面的建筑造型、凸窗应有相应的保温改造技术措施。

1）外墙、屋面及非透明幕墙

墙体的热工性能是影响建筑能耗的一个重要因素，它不仅与材料自身的热阻、蓄热系数等热工参数有关，还与它的构造方式有一定的关系。同时，建筑在不同的运行模式下，墙体热工性能的表现也不一样。

外墙可采用粘结工艺的外保温改造方案时，应检查基墙墙面的性能，并应满足表 4.1 要求。

基墙墙面性能指标要求　　　　**表 4.1**

基墙墙面性能指标	要求
外表面的风化程度	无风化、酥松、开裂、脱落等
外表面的平整度偏差	±4mm 以内
外表面的污染度	无积灰、泥土、油污、霉斑等附着物，钢筋无锈蚀
外表面的裂缝	无结构性和非结构性裂缝
饰面砖的空鼓率	≤10%
饰面砖的破损率	≤30%
饰面砖的粘结强度	≥0.1MPa

当基墙墙面性能指标不满足表 4.1 要求时，可对基墙墙面进行处理，并可采用以下处理措施：对裂缝、渗漏、冻害、析盐、侵蚀所产生的损坏进行修复；对墙面缺损、孔洞应填补密实，损坏的砖或砌块应进行更换；对表面油迹、疏松的砂浆进行清理；外墙饰面砖应根据实际情况全部或部分剔除，也可采用界面剂处理。

外墙采用内保温改造方案时，可以对外墙内表面进行下列处理：对内表面涂层、积灰油污及杂物、粉刷空鼓应刮掉并清理干净；对内表面脱落、虫蛀、霉烂、受潮所产生的损坏进行修复；对裂缝、渗漏进行修复，墙面的缺损、孔洞应填补密实；对原不平整的外围护结构表面加以修复；室内各类主要管线安装完成并经试验检测合格后方可进行。

公共建筑屋面节能改造时，应根据工程的实际情况选择适当的改造措施，并应符合现行国家标准《屋面工程技术规范》GB 50345 和《屋面工程质量验收规范》GB 50207 的规定。

非透明幕墙改造时，可安装牢固、不松脱的保温系统；构造缝、沉降缝以及幕墙周边与墙体接缝处等热桥部位进行保温处理；采取加强幕墙支承结构的抗震和抗风压性能等措施。

2）门窗、透明幕墙

窗户是建筑围护结构的重要组成部分，是建筑物外围开口部件，是室内各个环境的直接作用者，也是室内与室外能量阻隔最薄弱的环节。建筑外窗其特殊的光学性能，通过窗户的室内得热除温差传热外，日射得热是影响夏季建筑室内热环境的重要因素。夏季透过玻璃窗的室内太阳辐射得热量占建筑物围护结构冷负荷的一半以上。冬季由于外窗本身的隔热热阻小，通过窗户向室外散热量对采暖能耗具有重要影响。因此，透过外窗的能耗损失量在建筑总能耗中占有较大的比重。

公共建筑的外窗改造可根据具体情况确定，并可选用下列措施：采用只换窗扇、换整窗或加窗的方法，满足外窗的热工性能要求；加窗时，应避免层间结露；采用更换低辐射中空玻璃，或在原有玻璃表面贴膜的措施，也可增设可调节百叶遮阳或遮阳卷帘。外窗改造更换外框时，应优先选择隔热效果好的型材；窗框与墙体之间应采取合理的保温密封构造，不应采用普通水泥砂浆补缝；更换外窗时，宜优先选择可开启面积大的外窗。除超高层外，外窗的可开启面积不得低于外墙总面积的 12%。

对外窗或透明幕墙的遮阳设施进行改造时，可以采用外遮阳措施。当结构安全不能满足要求时，对其进行结构加固或采取其他遮阳措施。

外门、非采暖楼梯间门节能改造时，可选用下列措施：严寒、寒冷地区建筑的外门口应设门斗或热空气幕；非采暖楼梯间门宜为保温、隔热、防火、防盗一体的单元门；外门，楼梯间门应在缝隙部位设置耐久性和弹性好的密封条；外门应设置闭门装置，或设置旋转门、电子感应式自动门等。

透明幕墙、采光顶节能改造应提高幕墙玻璃和外框塑材的保温隔热性能，并应保证幕墙的安全性能。根据实际情况，可选用下列措施：透明幕墙玻璃可增加中空玻璃的中空层数，或更换保温性能好的玻璃；可采用低辐射中空玻璃，或采用在原有玻璃的表面贴膜或涂膜的工艺；更换幕墙外框时，直接参与传热过程的型材应选择隔热效果好的型材；在保证安全的前提下，可增加透明幕墙的可开启扇。除超高层及特别设计的透明幕墙外。透明幕墙的可开启面积不宜低于外墙总面积的 12%。

（2）采暖空调及生活热水供应系统

公共建筑采暖通风空调及生活热水供应系统的节能改造宜结合系统主要设备的更新换代和建筑物的功能升级进行。

确定公共建筑采暖通风空调及生活热水供应系统的节能改造方案时，应充分考虑改造施工过程中对未改造区域使用功能的影响。对公共建筑的冷热源系统、输配系统、末端系统进行改造时，各系统的配置应互相匹配。

1）冷热源系统

公共建筑的冷热源系统节能改造时，首先应充分挖掘现有设备的节能潜力，并应在现有设备不能满足需求时，再予以更换。确定空调冷热源系统改造方案时，应结合建筑物负荷的实际变化情况，制定冷热源系统在不同阶段的运行策略。

冷水机组或热泵机组的容量与系统负荷不匹配时，在确保系统安全性、匹配性及经济性的情况下，可以采用在原有冷水机组或热泵机组上，增设变频装置，以提高机组的实际运行效率。对于冷热需求时间不同的区域，可以分别设置冷热源系统。采用蒸汽吸收式制冷机组时，可以回收所产生的凝结水，凝结水回收系统宜采用闭式系统。

对于冬季或过渡季存在供冷需求的建筑，在保证安全运行的条件下，可以采用冷却塔供冷的方式。在满足使用要求的前提下，对于夏季空调室外计算湿球温度较低、温度的日较差大的地区，空气的冷却可考虑采用蒸发冷却的方式。

在符合下列条件的情况下，可以采用水环热泵空调系统：有较大内区且有稳定的大量余热的建筑物；原建筑冷热源机房空间有限，且以出租为主的办公楼及商业建筑。

当更换生活热水供应系统的锅炉及加热设备时，更换后的设备应根据设定的温度，对燃料的供给量进行自动调节，并应保证其出水温度稳定；当机组不能保证出水温度稳定时，应设置贮热水罐。

集中生活热水供应系统的热源应优先采用工业余热、废热和冷凝热；有条件时，可以利用地热和太阳能。生活热水供应系统可以采用直接加热热水机组。对水冷冷水机组或热泵机组，可以采用具有实时在线清洗功能的除垢技术。燃气锅炉和燃油锅炉宜增设烟气热回收装置。集中供热系统应设置根据室外温度变化自动调节供热量的装置。

2）输配系统

对于全空气空调系统，当各空调区域的冷、热负荷差异和变化大、低负荷运行时间长，且需要分别控制各空调区温度时，可以通过增设风机变速控制装置，将定风量系统改造为变风量系统。当原有输配系统的水泵选型过大时，可以采取叶轮切削技术或水泵变速控制装置等技术措施。

对于冷热负荷随季节或使用情况变化较大的系统，在确保系统运行安全可靠的前提下，可通过增设变速控制系统，将定水量系统改造为变水量系统。对于系统较大、阻力较高、各环路负荷特性或压力损失相差较大的一次泵系统，在确保具有较大的节能潜力和经济性的前提下，可将其改造为二次泵系统，二次泵应采用变流量的控制方式。

空调冷却水系统应设置必要的控制手段，并应在确保系统运行安全可靠的前提下，保证冷却水系统能够随系统负荷以及外界温湿度的变化而进行自动调节。对于设有多台冷水机组和冷却塔的系统，应防止系统在运行过程中发生冷水或冷却水通过不运行冷水机组而产生的旁通现象。在采暖空调水系统的分、集水器和主管段处，应增设平衡装置。在技术可靠、经济合理的前提下，采暖空调水系统可采用大温差、小流量技术。对于设置集中热水水箱的生活热水供应系统，其供水泵宜采用变速控制装置。

3）末端系统

对于全空气空调系统，可以采取措施实现全新风和可调新风比的运行方式。新风量的控制和工况转换，可以采用新风和回风的焓值控制方法。过渡季节或供暖季节局部房间需要供冷时，可以优先采用直接利用室外空气进行降温的方式。

当进行新、排风系统的改造时，应对可回收能量进行分析，并应合理设置排风热回收装置。对于风机盘管加新风系统，处理后的新风宜直接送入各空调区域。对于餐厅、食堂和会议室等高负荷区域空调通风系统的改造，应根据区域的使用特点，选择合适的系统形式和运行方式。对于由于设计不合理，或者使用功能改变而造成的原有系统分区不合理的情况，在进行改造设计时，应根据目前的实际使用情况，对空调系统重新进行分区设置。

(3) 供配电与照明系统

供配电与照明系统的改造设计宜结合系统主要设备的更新换代和建筑物的功能升级进行。

1) 供配电系统

当供配电系统改造需要增减用电负荷时，应重新对供配电容量、敷设电缆、供配电线路保护和保护电器的选择性配合等参数进行核算。供配电系统改造的线路敷设宜使用原有路由进行敷设。当现场条件不允许或原有路由不合理时，应按照合理、方便施工的原则重新敷设。

对变压器的改造应根据用电设备实际耗电功率综合峰值，重新计算变压器容量。未设置用电分项计量的系统应根据变压器、配电回路原设置情况，合理设置分项计量监测系统。分项计量电能表宜具有远传功能。无功补偿宜采用自动补偿的方式运行，补偿后仍达不到要求时，宜更换补偿设备。

供用电电能质量改造应根据测试结果确定需进行改造的位置和方法。对于三相负载不平衡的回路宜采用重新分配回路上用电设备的方法；功率因数的改善宜采用无功自动补偿的方式；谐波治理应根据谐波源制定针对性方案，电压偏差高于标准值时宜采用合理方法降低电压。

2) 照明系统

照明系统中，节能改造的主要实施途径为照明光源改造。由于LED光源相比传统光源光效高、功率低，因此具有显著的节能效果。公共建筑进行节能改造时，可充分利用自然光来减少照明负荷。

照明配电系统改造设计时各回路容量按现行国家标准《建筑照明设计标准》GB 50034的规定对原回路容量进行校核，并选择符合节能评价值和节能效率的灯具。公共区照明采用就地控制方式时，应设置声控或延时等感应功能；当公共区照明采用集中监控系统时，宜根据照度自动控制照明。照明配电系统改造设计时可满足节能控制的需要，且照明配电回路配合节能控制的要求分区、分回路设置。

(4) 监测与控制系统

对建筑设置监测与控制系统，且应满足以下的要求：

监测与控制系统应实时采集数据，对设备的运行情况进行记录，且应具有历史数据保存功能，与节能相关的数据应能至少保存12个月。

监测与控制系统改造应遵循下列原则：应根据控制对象的特性，合理设置控制策略；宜在原控制系统平台上增加或修改监控功能；当需要与其他控制系统连接时，应采用标准、开放接口；当采用数字控制系统时，宜将变配电、智能照明等机电设备的监测纳入该系统之中；涉及修改冷水机组、水泵、风机等用电设备运行参数时，应做好保护措施；改造应满足管理的需求。

供暖通风空调及生活热水供应系统的监测与控制节能改造后，集中供暖与空气调节系统监测与控制应符合现行国家标准《公共建筑节能设计标准》GB 50189的规定，且冷热源监控系统宜对冷冻、冷却水进行变流量控制，并应具备连锁保护功能。公共场合的风机盘管温控器宜联网控制。

生活热水供应监控系统应具备下列功能：热水出口压力、温度、流量显示；运行状态显示；顺序启停控制；安全保护信号显示；设备故障信号显示；能耗量统计记录；热交换器按设定出水温度自动控制进汽或进水量；热交换器进汽或进水阀与热水循环泵连锁控制。

供配电与照明系统的监测与控制中，对于低压配电系统电压、电流、有功功率、功率因数等监测参数宜通过数据网关与监测与控制系统集成，满足用电分项计量的要求。

照明系统的监测及控制宜具有下列功能：分组照明控制；经济技术合理时，宜采用办公区域的照明调节控制；照明系统与遮阳系统的联动控制；走道、门厅、楼梯的照明控制；洗手间的照明控制与感应控制；泛光照明的控制；停车场照明控制。

（5）可再生能源

公共建筑进行节能改造时，有条件的场所应优先利用可再生能源。当公共建筑采用可再生能源时，其外围护结构的性能指标宜符合现行国家标准《公共建筑节能设计标准》GB 50189 的规定。

1）地源热泵系统

公共建筑的冷热源改造为地源热泵系统时，宜保留原有系统中与地源热泵系统相适合的设备和装置，构成复合式系统设计时，地源热泵系统宜承担基础负荷，原有设备宜作为调峰或备用措施。

地源热泵系统供回水温度，应能保证原有输配系统和空调末端系统的设计要求。建筑物有生活热水需求时，地源热泵系统宜采用热泵热回收技术提供或预热生活热水。当地源热泵系统地埋管换热器的出水温度、地下水或地表水的温度满足末端进水温度需求时，应设置直接利用的管路和装置。

2）太阳能利用

公共建筑进行节能改造时，应根据当地的年太阳辐照量和年日照时数确定太阳能的可利用情况。公共建筑进行节能改造时，采用的太阳能系统形式，应根据所在地的气候、太阳能资源、建筑物类型、使用功能、业主要求、投资规模及安装条件等因素综合确定。

太阳能光伏发电系统生产的电能宜为建筑自用，也可并入电网。并入电网的电能质量应符合现行国家标准《光伏系统并网技术要求》GB/T 19939 的要求，并应符合相关的安全与保护要求。太阳能光伏发电系统应设置电能计量装置。

4.3.2 居住建筑常用节能改造措施

（1）围护结构

围护结构改造应遵循经济、适用、少扰民的原则。围护结构节能改造所使用的材料、技术应符合设计要求和国家现行有关标准的规定。

围护结构节能改造应包括外墙、外窗、户门、不封闭阳台门和单元人口门、屋面、直接接触室外空气的楼地面、供暖房间与非供暖房间（包括不供暖楼梯间）的隔墙及楼板等。围护结构节能改造时，不得随意更改既有建筑结构构造。外墙和屋面节能改造前，应对相关的构造措施和节点做法等进行设计。对严寒和寒冷地区围护结构的节能改造，应同时考虑供暖系统的节能改造，为供暖系统改造预留条件。

1）严寒和寒冷地区

严寒和寒冷地区既有居住建筑围护结构改造后，其传热系数应符合现行行业标准《严寒和寒冷地区居住建筑节能设计标准》JGJ 26 的有关规定。

严寒和寒冷地区，在进行外墙节能改造时，应优先选用外保温技术，并应与建筑的立面改造相结合。外墙节能改造时，严寒和寒冷地区不宜采用内保温技术。当严寒和寒冷地区外保温无法施工或需保持既有建筑外貌时，可采用内保温技术。外墙节能改造采用内保温技术时，应进行内保温设计，并对混凝土梁、柱等热桥部位进行结露验算，施工前制定施工方案。

严寒和寒冷地区外窗改造时，可根据既有建筑具体情况，采取更换原窗户或在保留原窗户基础上再增加一层新窗户的措施。

严寒和寒冷地区居住建筑的楼梯间及外廊应封闭；楼梯间不供暖时，楼梯间隔墙和户门应采取保温措施。严寒、寒冷地区的单元门应加设门斗；与非供暖走道、门厅相邻的户门应采用保温门；单元门宜安装闭门器。

2）夏热冬冷地区

夏热冬冷地区既有居住建筑围护结构改造后，所改造部位的热工性能应符合现行行业标准《夏热冬冷地区居住建筑节能设计标准》JGJ 134 的规定性指标的有关规定。

既有居住建筑的平屋面宜改造成坡屋面或种植屋面。当保持平屋面时，宜设置保温层和通风架空层。

既有居住建筑外墙进行节能改造设计时，应根据建筑的历史和文化背景、建筑的类型和使用功能、建筑现有的立面形式和建筑外装饰材料等，确定采用外保温隔热或内保温隔热技术，并应符合下列规定：混凝土剪力墙应进行外墙保温改造；南北向板式（条式）建筑，应对东西山墙进行保温改造；宜采取外保温技术。

外窗改造应在满足传热系数要求的同时，满足外窗的气密性、可开启面积和遮阳系数等要求。外窗改造可选择下列方法：用中空玻璃替代原单层玻璃；用中空玻璃新窗扇替代原窗扇；用符合节能标准的窗户替代原窗户；加一层新窗户或贴遮阳膜；东、西、南方向主要房间加设活动外遮阳装置。

外窗和阳台透明部分的遮阳，应优先采用活动外遮阳设施，且活动外遮阳设施不应对窗口通风特性产生不利影响。更换外窗时，外窗的开启方式应有利于建筑的自然通风，可开启面积应符合现行行业标准《夏热冬冷地区居住建筑节能设计标准》JGJ 134 的有关规定。

阳台门不透明部分应进行保温处理。户门改造时，可采取保温门替代旧钢制不保温门。保温性能较差的分户墙宜采用各类保温砂浆粉刷。

3）夏热冬暖地区

夏热冬暖地区既有居住建筑围护结构改造后，所改造部位的热工性能应符合现行行业标准《夏热冬暖地区居住建筑节能设计标准》JGJ 75 的规定性指标的有关规定。

既有居住建筑外墙改造时，应优先采取反射隔热涂料、浅色饰面等，不宜采取单纯增加保温层的做法。

既有居住建筑的平屋面宜改造成坡屋面或种植屋面；当保持平屋面时，宜采取涂刷反射隔热涂料、设置通风架空层或遮阳等措施。

既有居住建筑的外窗改造时，可采取下列方法：外窗玻璃贴遮阳膜；东、西、南方向主要房间加设外遮阳装置；外窗玻璃更换为节能玻璃；增加开启窗扇；用符合节能标准的窗户替代原窗户。

节能改造更换外窗时，外窗的开启方式应有利于建筑的自然通风，可开启面积应符合现行行业标准《夏热冬暖地区居住建筑节能设计标准》JGJ 75 的有关规定。

4）技术要求

采用外保温技术对外墙进行改造时，材料的性能、构造措施、施工要求应符合现行行业标准《外墙外保温工程技术规程》JGJ 144 的有关规定。外墙外保温系统应包覆门窗框外侧洞口、女儿墙、封闭阳台栏板及外挑出部分等热桥部位，并应与防水、装饰相结合，做好保温层密封和防水。

采用外保温技术对外墙进行改造时，外保温施工前应做好相关准备工作，并应符合下列规定：外墙侧管道、线路应拆除，施工后需要恢复的设施应妥善保管；施工脚手架宜采用与墙面分离的双排脚手架；应修复原围护结构裂缝、渗漏，填补密实墙面的缺损、孔洞，更换损坏的砖或砌块，修复冻害、析盐、侵蚀所产生的损坏；应清理原围护结构表面油迹、酥松的砂浆，修复不平的表面；当采用预制外墙外保温系统时，应完成立面规格分块及安装设计构造详图设计。

外墙内保温的施工和保温材料的燃烧性能等级应符合现行行业标准《外墙内保温工程技术规程》JGJ/T 261 的有关规定。

采用内保温技术对外墙进行改造时，施工前应做好相关准备，并应符合下列规定：对原围护结构表面涂层、积灰油污及杂物、粉刷空鼓，应刮掉并清理干净；对原围护结构表面脱落、虫蛀，霉烂、受潮所产生的损坏，应进行修复；对原围护结构裂缝、渗漏，应进行修复，墙面的缺损、孔洞应填补密实；对原围护结构表面不平整处，应予以修复；室内各类管线应安装完成并经试验检测合格。

外门窗的节能改造应符合下列规定：

严寒与寒冷地区的外窗：①当在原有单玻窗基础上再加装一层窗时，两层窗户的间距不应小于 100mm；②更新外窗时，可采用塑料窗、隔热铝合金窗、玻璃钢窗以及钢塑复合窗、木塑复合窗等，并应将单玻窗换成中空双玻或三玻窗；③更换新窗时，窗框与墙之间应设置保温密封构造，并宜采用高效保温气密材料和弹性密封胶封堵；④阳台门的门芯板应为保温型，也可对原有阳台进行封闭处理；阳台门的玻璃宜采用节能玻璃；⑤严寒、寒冷地区的居住建筑外窗框宜与基层墙体外侧平齐，且外保温系统宜压住窗框 20～25mm。

夏热冬冷地区的外窗：①当在原有单玻窗的基础上再加装一层窗时，两层窗户的间距不应小于 100mm；②更新外窗时，应优先采用塑料窗，并应将单玻窗换成中空双玻窗；有条件时，宜采用隔热铝合金窗框；③外窗进行遮阳改造时，应优先采用活动外遮阳，并应保证遮阳装置的抗风性能和耐久性能。

夏热冬暖地区的外窗：①整窗更换为节能窗时，应符合国家现行标准《民用建筑设计通则》GB 50352 和《夏热冬暖地区居住建筑节能设计标准》JGJ 75 的有关规定；②增加开启窗扇改造后，可开启面积应符合现行行业标准《夏热冬暖地区居住建筑节能设计标准》JGJ 75 的有关规定；③更换外窗玻璃为节能玻璃改造时，宜采用遮阳型 Low-e 玻璃；④外窗玻璃贴遮阳膜时，应综合考虑膜的寿命、伸缩性、可维护性；⑤东、西、南方向主要房间加设外遮阳装置时，应综合考虑遮阳装置对建筑立面外观、通风及采光的影响，同时还应考虑遮阳装置的抗风性能和耐久性能。

屋面节能改造施工准备工作应符合下列规定：在对屋面状况进行诊断的基础上，应对原屋面上的损害的部品予以修复；屋面的缺损应填补找平；屋面上的设备、管道等应提前安装完毕，并应预留出外保温层的厚度；防护设施应安装到位。

屋面节能改造应根据既有建筑屋面形式，选择下列改造措施：原屋面防水可靠的，可直接做倒置式保温屋面；原屋面防水有渗漏的，应铲除原防水层，重新做保温层和防水层；平屋面改坡屋面时，宜在原有平屋面上铺设耐久性、防火性能好的保温层；坡屋面改造时，宜在原屋顶吊顶上铺放轻质保温材料，其厚度应根据热工计算确定；无吊顶时，可在坡屋面下增加或加厚保温层或增设吊顶，并在吊顶上铺设保温材料，吊顶层应采用耐久性、防火性能好，并能承受铺设保温层荷载的构造和材料；屋面改造时，宜同时安装太阳能热水器，且增设太阳能热水系统应符合现行国家标准《民用建筑太阳能热水系统应用技术规范》GB 50364 的有关规定；平屋面改造成坡屋面或种植屋面应核算屋面的允许荷载。

屋面进行节能改造时，应保证防水的质量，必要时应重新做防水，防水工程应符合现行国家标准《屋面工程技术规范》GB 50345 的有关规定。

严寒和寒冷地区楼地面节能改造时，可在楼板底部设置保温层。

对外窗进行遮阳节能改造时，应优先采用外遮阳措施。增设外遮阳时，应确保增设结构的安全性。遮阳设施的安装位置应满足设计要求。遮阳设施的安装应牢固、安全，可调节性能应满足使用功能要求。遮阳膜的安装方向、位置应正确。

（2）采暖

采暖节能改造可分为热源（锅炉房）、室外管网及室内采暖系统的改造，改造时应综合考虑各种措施，挖掘其节能潜力，实现采暖系统的整体节能。

对供热采暖系统进行节能改造时，应进行水力平衡验算，采用气候补偿和变流量调节等技术措施以解决采暖系统垂直及水平方向水力失衡的问题。

1）热源（锅炉房）

热源的节能改造主要是提高锅炉运行效率。目前，我国集中采暖系统的效率低于55％，改道时应尽量提高热源效率，使既有建筑的集中供暖系统效率提高到85％以上。

热源的节能改造方案应技术上合理、经济上可行，符合下述基本要求：

更换锅炉时，应按系统实际负荷需求和运行负荷规律，合理配备锅炉容量和数量，如选用燃气锅炉，其燃烧器宜具备自动比例调节功能，并同时具有调节燃气量和燃烧空气量的功能。

供暖季期间应尽量保证锅炉在接近额定负荷条件下运行，以实现锅炉高效运行。

燃气锅炉改造时应优先考虑设置烟气余热回收装置。

改造时应同步加强锅炉房的分项计量系统，对燃料消耗量、供热量、补水量、耗电量进行分别计量。此外，还可通过强化锅炉房的管理、加强司炉工的培训、增加自动控制装置并优化控制方法等来提高锅炉的效率，热效率可达到80％以上。

对锅炉房或热力站进行节能改造时，还应根据供热系统的实际运行情况，对原循环水泵进行校核计算，确定是否需要更换水泵以满足建筑物热力入口资用压头和系统调节特性的要求。

2）室外管网

室外管网热损失在20%～30%的现象非常普遍，因此应对管网进行改造和重新保温，此项改造的效益大于分户计量改造的效益，因此应优先提倡。室外供热管网改造前，应对管道及其保温质量进行检查和检修，及时更换损坏的管道阀及部件。

室外管网改造时，应进行严格的水力平衡计算，各并联环路之间的压力损失差值不应大于15%。当室外管网的水力平衡计算达不到上述要求时，应在建筑物热力入口处设置静态水力平衡阀；

水力平衡阀的设置和选择应遵循以下原则：

① 阀两端的压差范围应符合阀门产品标准的要求；

② 热力站出口总管上，不应串联设置自力式流量控制阀；当有多个分环路时，各分环路总管上可根据水力平衡的要求设置静态水力平衡阀；

③ 定流量水系统的各热力入口应设置静态水力平衡阀或自力式流量控制阀；

④ 变流量水系统的各热力入口应设置压差控制阀；

⑤ 采用静态水力平衡阀时，应根据阀门流通能力及两端压差选择确定平衡阀的直径与开度；

⑥ 采用自力式流量控制阀时，应根据设计流量进行选型；

⑦ 采用自力式压差控制阀时，应根据所需控制压差选择与管路同尺寸的阀门，同时应确保其流量不小于设计最大值；

⑧ 选择自力式流量控制阀/自力式压差控制阀/电动平衡两通阀或动态平衡电动调节阀时，应保证阀权度$S=0.3\sim0.5$。

既有采暖系统与新建外管网连接时，宜采用热交换站的间接连接方式；若直接连接时，应对新、旧系统的水力工况进行平衡校核，当热力入口资用压差不能满足既有采暖系统时，应采取提高管网循环泵扬程或增设局部加压泵等补偿措施，以满足室内系统资用压差的需要。

3）室内采暖系统节能改造

为实现热用户行为节能，散热器采暖系统每组散热器均应安装恒温阀；地面辐射供暖系统应在户内系统入口处设置自控调节阀，各分支环路上宜加装流量调节阀。

对室内采暖系统节能改造应进行重新设计，而且要做如下分析：①进行必要的热力复核计算：验算系统改造后原有散热器的散热量是否满足要求；改造为垂直单管跨越式系统时还应验算散热器进流系数不应小于30%，以确定合理的跨越管管径；②应进行必要的水力计算和水压图分析，给出准确的室内系统总阻力值，为整个管网系统水力平衡分析提供依据。

室内采暖系统改造时应满足以下要求：

① 原垂直或水平单管系统，应在每组散热器供回水管之间加设跨越管；

② 原单双管系统应改造为垂直双管系统。

（3）可再生能源

1）采用太阳能热水系统

太阳能热水系统一般包括太阳能集热器、储水箱、循环泵、电控柜和管道等。太阳能热水系统按照其运行方式可分为四种基本形式：自然循环式、自然循环定温放水式、直流式和强制循环式（图4.1）。目前我国家用太阳能热水器和小型太阳能热水系统多采用自然循环式，而大中型太阳能热水系统多采用强制循环式或定温放水式。另外，无论家用太阳热水器或公用太阳能热水系统，绝大多数都采用直接加热的循环方式，即集热器内被加热的水直接进入储水箱提供使用。

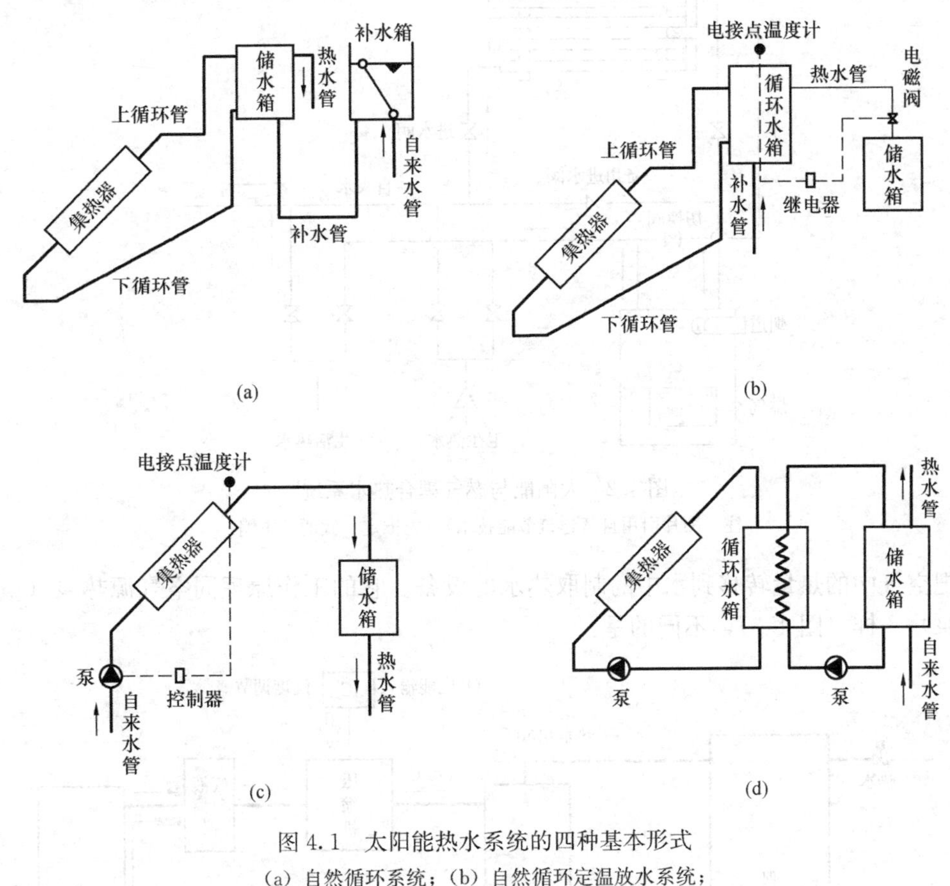

图 4.1 太阳能热水系统的四种基本形式

(a) 自然循环系统；(b) 自然循环定温放水系统；

(c) 直流式系统；(d) 采用二次换热的强制循环太阳能热水系统

注：图片引用自《建筑节能技术》(龙惟定 武涌 主编)

完全依靠太阳能为用户提供热水，从技术上讲是可行的，条件是按最冷月份和日照条件最差的季节设计系统，并考虑充分的热水蓄存，这样的系统需设置较大的储水箱，初投资也很大，大多数季节要产生过量的热水，造成不必要的浪费。较经济的方案是太阳能热水系统和辅助热源相结合，在太阳辐照条件不能满足制备足够热水的条件下，使用辅助热源予以补充。常用的辅助热源形式有电加热、燃气加热以及热泵热水装置等。电辅助加热方式具有使用简单、容易操作等优点，也是目前采用最多的一种辅助热源形式，但对水质和电热水器都有较高要求。在有城市燃气的地方，太阳能热水器还可以和燃气热水器配合使用，充分满足热水供应需求，图 4.2 为燃气辅助的太阳能热水系统形式。在我国南方地区，宜优先考虑高效节能的空气源热泵热水器作为太阳能热水系统的辅助加热装置。

2）采用空气源热泵热水器

空气源热泵热水器为一种利用空气作为低温热源来制取生活热水的热泵热水器，主要由空气源热泵循环系统和蓄水箱两部分组成。空气源热泵热水器就是通过消耗少部分电

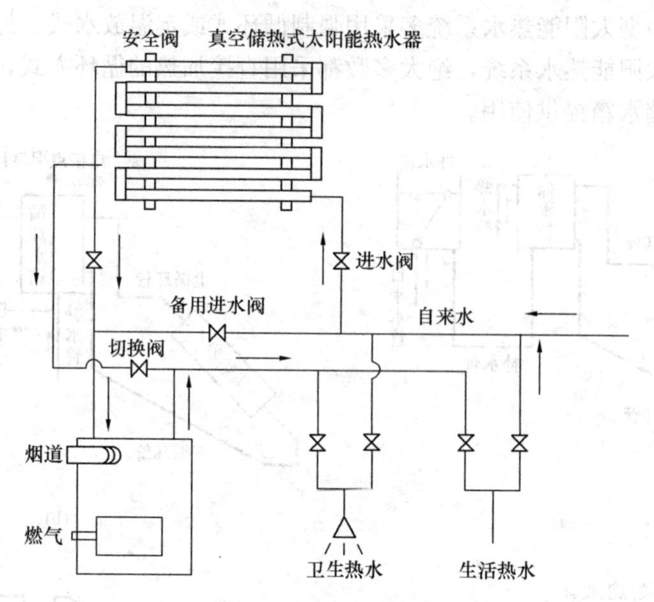

图 4.2 太阳能与燃气耦合热水系统

注：图片引用自《建筑节能技术》（龙惟定 武涌 主编）

能，把空气中的热量转移到水中的制取热水的设备。它的工作原理同空气源热泵（空气/水热泵）一样（图 4.3），不同的是：

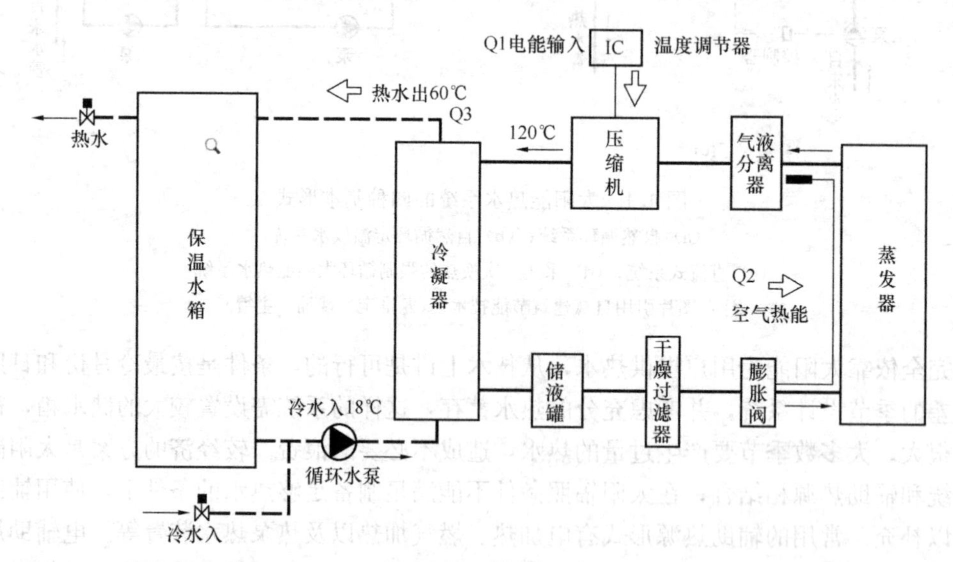

图 4.3 空气源热泵热水器的工作原理

注：图片引用自《建筑节能技术》（龙惟定 武涌 主编）

① 空调用的空气/水热泵供水温度（50～55℃）基本不变，因此，其冷凝温度也是基本不变的，可认为运行工况是稳定的。而空气源热泵热水器的供水温度是变化的，由运行开始时的 20℃左右变化到蓄热水箱内水温设计值（如 60℃），因此，空气源热泵热水器在与空调用空气/水热泵相同的室外气温条件下，其冷凝温度随着运行时间的延续而不断升高，它是在一种特殊的变工况条件下运行的。

② 空气源热泵热水器因其特殊的变工况运行条件，系统工质的充注量的变化对系统的工作性能影响很大。如充注量过少，系统的加热时间过长，其*COP*值小；充注量过多，蒸发、冷凝压力过高，*COP*值也不高。因此，在实际运行中系统最佳充注量应保证蒸发器出口的气体工质有1～2℃的过热度。

空气源热泵热水器一般均采用分体式结构，该热水器由类似空调器室外机的热泵主机和大容量承压保温水箱组成，水箱有卧式和立式之分。

空气源热泵热水器有以下几个特点：

A. 高效节能：其输出能量与输入电能之比即能效比（*COP*）一般在3～5之间，平均可达到3以上，而普通电热水锅炉的能效比（*COP*）不大于0.90，燃气、燃油锅炉的能效比（*COP*）一般只有0.6～0.8，燃煤锅炉的能效比（*COP*）更低，一般只有0.3～0.7；

B. 环保无污染：该设备是通过吸收环境中的热量来制取热水，所以与传统型的煤、油、气等燃烧加热制取热水方式相比，无任何燃烧外排物，是一种低能耗的环保设备；

C. 运行安全可靠：整个系统的运行无传统热水器（燃油、燃气、燃煤）中可能存在的易燃、易爆、中毒、腐蚀、短路、触电等危险，热水通过高温冷媒与水进行热交换得到，电与水在物理上分离，是一种完全可靠的热水系统；

D. 使用寿命长，维护费用低：设备性能稳定，运行安全可靠，并可实现无人操作；

E. 适用范围广：可用于酒店、宾馆、学校、医院、游泳池、温室、洗衣店等，可单独使用，亦可集中使用，不同的供热要求可选择不同的产品系列和安装设计；

F. 应考虑冬季运行时室外温度过低及结霜对机组性能的影响。

3）自然通风

合理的建筑自然通风不但可以为人们提供新鲜空气，降低室内气温和相对湿度，促进人体汗液蒸发降温，改善人们的舒适感，而且还可以有效地减少空调开启时间，降低建筑运行能耗。

建筑利用自然通风达到被动式降温的目标主要有两种方式，一种是直接的生理作用，即降低人体自身的温度和减少因为皮肤潮湿带来的不舒适感。通过开窗将室外风引入室内，提高室内空气流速，增加人体与周围空气的对流换热和人体表面皮肤的水分蒸发速度，增加人体因对流换热和皮肤表面水分蒸发所消耗的热量，这样就加大了人体散热从而达到降低人体温度提高人体热舒适的目的，此种自然通风可称之为“舒适自然通风”，舒适自然通风的降温效果，主要体现在人体热舒适的改善方面。研究表明当室外空气温度高于26℃，但只要低于30～31℃，人在自然通风的条件下仍然感觉到舒适；而在空调房间（封闭房间），则空调设定温度必须在26℃以下人才会感觉到舒适。上述研究结果表明房间利用自然通风进行被动式降温时可以提高空调的设定温度，同时使人体达到了同等甚至更高的热舒适度，从而大大减少了空调的开启时间，降低了建筑的夏季空调能耗。这就提供了一种新的空调节能运行模式：自然通风＋机械调风＋空气调节。

另一种是间接的作用，通过降低围护结构的温度，达到对室内的人降温的作用。利用室内外的昼夜温差，白天紧闭门窗以阻挡室外高温空气进入室内加热室温，同时依靠建筑围护结构自身的热惰性维持室温在较低的水平，夜间打开窗户将室外低温空气引入室内降低室内空气温度，同时加速围护结构的冷却为下一个白天储存冷量，这种自然通风可称之为“夜间通风”。

4.4 节能改造效果判断

4.4.1 国内外节能量测量与验证的计算方法

（1）相关标准指南

国外关于节能量测量与验证的指南应用最广泛的是国际性能测试与评价协议（International Performance Measurement and Verification Protocol，IPMVP），其他相关的指南还有美国联邦能源管理计划实施的测量与验证指南、美国暖通工程师学会编制的测量与验证指南（ASHRAE Guideline 14）、南非的需求侧管理测量验证指南和澳大利亚发布的节能量测量和验证的最佳实践指南等。这些来自不同国家地区的节能量测量与验证指南给出的方法与IPMVP给出的方法基本保持相同的思路，因此只对应用广泛应用的IPMVP测量与验证方法展开具体介绍。

目前国内关于节能量测量与验证的标准还比较少，在国家层面上的标准有《节能量测量和验证技术通则》GB/T 28750—2012，该标准给出了基本的节能量测量和验证方法。而针对空调系统的节能量测量与验证，编写了《节能量测量和验证技术要求——中央空调系统》GB/T 31349—2014，在技术通则的基础上细化了对空调系统节能改造项目的节能量计算方法、参数选取、基准期、报告期等的具体要求。

（2）国际性能测试与评价协议（IPMVP）

IPMVP是行业中最被认可的节能量测试与评价协议，目前超过40个国家使用。该协议给出了在新建建筑和改造建筑中，确定能源和水资源与定义的基准线相比的节约量。为规范合同能源管理市场，美国能源部从1994年开始与工业界联手寻求多方都能接受的计算节能投资效益的方法。1996年首次发布了北美能耗测试与验证协议，1997年12月进行了修订，更名为国际性能测试与评价协议（IPMVP），目前是由国际能效评估组织（EVO）负责组织后续修订。

1）隔离测量法

IPMVP针对测量法给出两种方案，一是方案A，隔离改造部分，测量关键变量；二是方案B，隔离改造部分，测量全部变量。

方案A是将经节能改造的系统或设备的能耗与建筑其他部分的能耗分隔开，然后用仪表或系统测量装置分别测量改造前后该系统或设备与能耗相关的关键参数，计算得到建筑改造前后的能耗，从而确定节能量。方案A只测量关键参数，对其他的参数进行估算，可以根据历史数据、厂家样本或工程经验判定进行估算，估算值的来源或证明应记录备案，并分析他们对节能量的计算带来的误差。如果被改造设备的关键运行参数无法估算，那么应根据具体情况更换其他方案计算。

除了不允许对参数进行估算外，方案B使用的节能量测量方法与方案A是相同的。即方案B要求测量所有参数，比方案A的精度要求高，但成本也更高。

对于需要测量的参数，选择进行连续测量还是短期内定期测量，需要依据被测参数的变化情况以及报告期的长短来决定。若被测参数变化较小，可以在节能措施实施后立即测量，并在报告期内定期检查。检查的频率开始可以频繁，当证实参数是恒定时，即可减少检查的频率。

对于随季节变化的参数，应根据适当的季节进行调整；对于逐日或逐时变化的参数（如HVAC系统的参数）应进行连续测量。连续测量对节能量计算更有利，可以得到更精确的结果，也可以得到更多设备运行的数据。这些信息可用来改善或优化设备的实时运行效果，从而加强节能改造的节能效果。

方案A或B中，当实施节能改造措施的设备数量较大时（如更换大量的照明灯具），应对被改造的设备进行统计学抽样，然后对样本进行测量。抽样应能够代表总体情况，且测量结果具备统计意义的精确度。

方案A和方案B的适用情况如表4.2所示。

两种测量法的应用情况 **表4.2**

测量和认证方案	计算节能量	典型应用
A. 改造部分隔离，通过现场测量关键性能参数来确定节能量，此关键性能参数决定了节能措施作用系统的能耗量以及项目的成功与否。测量既可以是短期的，也可以连续进行。其他参数通过估计得到，估值的依据是历史数据设备制造商的规格表或工程技术判断。应记录估值来源或说明估值的合理性。还要评估使用估计值代替测量值可能出现的节能误差	采用短期或连续的改造后测量及规定值进行工程计算，并进行常规和非常规调整	照明改造项目，其中耗电功率是关键参数。需要对其进行周期性测量。通过建筑物的运行安排和入住者的行为特点来估计照明系统的运行时间
B. 改造部分进行隔离，测量设备或系统整个合约期内的所有参数。测量既可以是短期的，也可以连续进行	采用短期或连续测量进行工程计算，并进行常规和非常规调整	采用变速拖动和控制技术调节水泵流量。在电机的电源端安装功率表测量电功率，功率表每分钟测量一次。在基准期，用功率表进行一周的测量来证明是恒定负荷。在报告期功率表连续测量以跟踪功率的变化

2）整体能耗法

IPMVP提出的方案C——整体耗能设施全楼宇分析。方案C是电力公司或燃气公司的计量表及建筑内的分项计量表等对节能措施实施前后整装大楼的能耗数据进行采集，并评估实施前后整幢大楼的能源利用效率，并计算节能措施全年的节能效果。

方案C可以评估任何种类的节能措施的效果。当采取多种节能改造措施时，如果只有电力公司及燃气公司的计量表，则该方案只能评估所有节能措施对整装建筑的综合节能效果，而无法对各项节能效果进行单项评估，也无法评价建筑内其他因素的变化对能耗的影响；如果既有电力公司及燃气公司的计量表，又有分项计量表，那么该方案可以计算和评估所有节能措施的综合节能效果。

这种方法确定的是整体建筑内所有节能措施的综合效果，同时还包含了节能措施以外的设备变化所带来的正面或负面的影响。建筑的能耗会受某些内外条件的影响：天气、入住率、运行时间、设备同时使用率、建筑功能变化等因素影响。由于这些影响因素的存在导致采用改造前后账单能耗数据直接相减得到的节能量不具有参考性，甚至还会导致改造后建筑的能耗增加的情况。因此，该方法的主要难点在于如何对建筑设备在改造前后运行参数的变化做出修正，保证建筑运行的工况尽可能一致。

针对该问题，IPMVP方法给出了相应的解决措施，即建立变量与能耗的数学模型来计算“调整量”，模型的难易程度视具体项目情况而定。可以通过回归分析建立能耗和一个或多个自变量参数之间的关系，如建立能耗和度日数、入住率和运行时间等参数的回归模型。模型的建立通常需要基准年1～3年连续的逐日或逐月的能源数据，以及报告期的相应连续数据。在实际节能项目的分析中，可能会得出不止一个模型，为了保证计算的精度，应用统计学的评价指标，如R^2或均方误差CV（RMSE）来评价和筛选。

方案C的成本取决于能源数据的来源，以及确定调整量所需的影响因子的难易程度。如果有市政计量表或建筑内安装了分项计量表，并且这些计量表能够正常记录和读数，则不需要额外安装计量表和测量的费用。

方案C的适用情况如表4.3所示。

全楼宇分析法的应用情况　　表4.3

测量和认证方案	计算节能量	典型应用
C：整体耗能设施 以整个大楼或工厂的公用仪表或分表数据为主，外加天气/或其他调整因素作为调整因子	公用仪表的数据分析，运用从简单比较回归分析的技术来研究整个设施电力公司的表计或分表数据	综合能源管理计划影响耗能设施中的多个系统。在基准期和报告期分别进行为期12个月的燃气和电量的测量

3）校准模拟法

方案D——校准模拟法是对采取节能改造措施的建筑用能耗模拟软件建立模型（模型的输入参数应通过现场调研和测量得到），并对其改造前后的能耗和运行状况进行校准化模拟，对模拟结果进行分析，从而计算得到改造措施的节能量。方案D中，整栋建筑的能耗应采用逐时能耗模拟软件进行校准化模拟，且该逐时能耗模拟软件应采用改造前后全年8760h的逐时气象参数进行负荷和能耗的计算。此类模拟模型必须加以校正，以使其预测的能耗数据与基准年和改造后电力公司的实际用电量和最大负荷数据吻合。但如果建筑物的热损失/得热、内部负荷和暖通系统比较简单，也可以采用相关的能耗分析方法来计算。

与方案C类似，方案D可以用来评估建筑中所有节能措施的整体节能效果，还可以用来评价每项节能措施的实施效果。精确的计算机模拟和用测量数据对模拟进行校准是该方案面临的最大挑战。为了保证合理的精度同时又控制成本，使用方案D时应注意以下几点：

① 由训练有素的、在特定软件和校准技术方面有丰富经验的人员来进行模拟分析；

② 输入的数据应尽可能采用符合建筑实际情况的有效信息；

③ 模拟必须进行校准，使模拟结果与实际能耗数据之间的偏差符合相应的精度规定。美国联邦能源管理项目（Federal Energy Management Program，FEMP）和美国暖通工程师学会（ASHRAE Guideline 14）对月误差$ERR_{月}$、年误差$ERR_{年}$和均方差CV（$RSME_{月}$）这三个指标的可接受范围进行了规定（见表4.4）。

对比允许的最大误差　　**表 4.4**

指标	FEMP	ASHRAE 14
月误差 $ERR_{月}$	±15%	±5%
年误差 $ERR_{年}$	±10%	—
CV（$RSME_{月}$）	±10%	±30%

由于软件的局限性，有些建筑及系统的模拟能耗与实际能耗相差较明显，此时不应采用模拟的方法计算节能量，如复杂的遮阳结构。多种不同温控区、人员行为的不确定性等因素容易导致模拟能耗与实际能耗有较大差异。此外，有些建筑物节能改造措施很难进行模拟。因此，该方法通常在其他 3 种方法不能用的情况，或在节能改造方案选取比对时选用。方案 D 的适用情况如表 4.5 所示。

校准模拟法的应用情况　　**表 4.5**

测量和认证方案	计算节能量	典型应用
D：校验模拟 通过模拟部分或整个设施的能耗水平来测定节能量，以大楼或者工程的电脑模拟计算为主，用量测数据来校正模拟计算，模拟方法必须显示出能够模拟设施中实际测量的能耗效果	模拟能耗状况，并采用电力公司每小时或每月收费单数据和终端用户的计量数据来进行校验，用量测数据来量化模型	综合能源管理计划影响耗能设施中的多个系统，但在基准期没有计量表。安装燃气表和电表后，能耗测量值可用来校准模拟结果，用校准后的模拟来确定基准期能耗量，并与模拟出的报告期能耗进行对比

4）节能量测量与验证方法对比分析

为了梳理国内外节能量测量与验证方法的优缺点及适用性，表 4.6 从方法的数据来源和使用过程对国内外常用的节能量测量与验证方法进行了对比。针对几种方法各自的适用性和应用难点，表 4.7 给出了对比结果。

不同节能量计算方法应用对比　　**表 4.6**

方法来源		方法名称		数据来源	使用步骤
国外	IPMVP	隔离测量法	测量关键参数	现场仪表测量、统计设备运行记录等	采用现场瞬时测量参数或短期测量参数，并结合设备运行的历史数据进行工程计算
			测量全部参数	现场仪表测量	采用长期连续现场测量的参数进行工程计算
		整体能耗法		基期能耗：电力公司、燃气公司的计量表数据；或建筑内分项计量数据 影响因素：采用统计、调研、监测等方式得到度日数、使用率等因素	建立基准期能耗与影响因素的多元回归模型（或其他更优模型），将报告期的自变量代入建立基准模型计算出调整后的报告期能耗，最后与基准期能耗进行比较
		校准模拟法		输入参数：建筑图、现场调研、统计、测量等方式获取	采用能耗模拟软件模拟用能情况，并用小时或月账单数据对模拟结果进行校准

续表

方法来源		方法名称	数据来源	使用步骤
国内	GB/T 31349—2014	“基期能耗-影响因素”模型法	与整体能耗法类似	与整体能耗法类似
		相似日直接比较法	能耗数据：现场短期测量；影响因素：统计收集	选取两个或多个相似日分别测量节能措施开启和关闭状态下的空调能耗

不同节能量计算方法的适用性分析　　表 4.7

计算方法		优缺点	主要应用难点	适用对象
整体能耗法（“基期能耗-影响因素”模型法）		统计模型需要收集大量基准期和报告期的基础数据，需要分别花费 9～12 个月的时间，基准数据的详细、准确程度直接影响模型建立的准确性	影响因素的选取和模型的建立，有时空调能耗与选取的影响因素之间不是简单的线性回归关系	用于评估采用多种改造措施的改造项目的建筑整体或系统节能效果，适用于改造前后建筑运行工况发生的变化较小、基础数据充分的项目
隔离测量法	测量关键参数	操作简单，花费时间和成本较低，但准确性差	—	评估单项改造措施或某一用能设备的节能效果，适用于被测参数波动小的设备或系统
	测量全部参数	测量周期长，大量计量仪表、传感器等成本消耗，但测量结果较准确	应对改造前后测量期内发生明显变化的影响因素进行调整；测量周期长、工作量大不易在实际项目中推广	评估单项节能措施或某一用能设备的改造效果，适用于被测量参数经常发生变化的设备或系统
校准模拟法		操作成本低，但由于模拟软件对建筑热过程采用了一些假定和简化，并且模拟人员对软件的理解程度和操作规范程度都会影响模拟结果	模型输入的数据应符合建筑实际情况；模拟结果必须进行校准，与实际能耗数据的偏差应满足一定精度要求	既可用于评价建筑整体或系统改造效果，又可评价某项改造措施的节能效果，适用于改造方案设计阶段
相似日直接比较法		测量方法较简便，但只考虑了某种运行工况的节能效果，缺乏代表性	相似日的选取时可能会出现多组不同工况下的相似日，如何权衡不同工况所占比例	用于评价某一设备或系统的改造效果，适用于节能措施在改造后可以开启和关闭的项目

（3）相关文献研究

根据国内外文献研究情况，目前大多数节能量测量与验证的研究中主要针对整体能耗法，关于隔离测量法的研究比较少。重点对整体能耗法的研究情况进行整理，分别总结出该方法在应用时存在的问题（如表 4.8 所示）。

节能量计算方法研究现状及存在问题 **表 4.8**

计算方法	方法描述	存在问题
修正系数法	由于建筑功能改变，修正改造后建筑功能变化引起的能耗变化量，采用单位面积能耗值进行修正	同一城市、多个同类型的建筑之间用能情况也可能存在较大差异，采用限额值修正可能存在较大误差
	由于气象条件改变，利用改造前后供暖度日数和空调度小时数分别对采暖、空调能耗进行修正	采用度小时数修正空调能耗时没有考虑外墙蓄热性和太阳辐射对空调负荷的影响，认为逐时室内外温差与空调负荷呈线性关系，可能给修正结果带来较大误差
	由于围护结构的改造改善了室内热环境，利用改造前室内空气平均温度与室外采暖空调计算温度的差值与改造后的差值之比进行修正	围护结构热工性能的提高改善了室内热环境，减少空调能耗，但该部分能耗的减少是由于改造措施的实施引起的，不应该进行修正
	由于单位面积室内人员和设备的散热量、采暖和空调面积、室内设备运行时间的变化引起室内负荷的变化，利用这些变化的参数进行室内负荷修正	室内人员活动和设备使用情况的自由度较高，因此在节能量计算时，实际人员和设备的散热量在改造前后的变化情况难以确定
	由于空调系统运行时间的变化，利用运行时间进行空调能耗修正	对于多联机或分散式空调，其末端控制灵活，运行时间各不相同，在节能量计算时可能难以统计实际运行时间
“基期能耗-影响因素”模型	常见的影响因素：日/月平均气温/相对湿度；平均入住率；累计节假日数；累计产值；运行时间小时数等	1）能耗影响因素的选取缺乏分析过程； 2）选取能耗影响因素可能存在多重共线性，影响模型建立的效果与效率； 3）当能耗影响因素与能耗的关系较复杂时，不能用简单的线性关系来描述； 4）若模型建立的过程偏复杂，不利于在实际工程中进行推广
	模型种类：一元/多元线性回归模型；多元二次多项式回归模型；多变量分段回归模型等	

目前整体能耗法的研究可以分为两类，一是国内外相关标准中提及的“基期能耗-影响因素”模型，二是假定修正因素与能耗之间呈线性关系、利用能耗修正因素引入相应的修正系数对空调系统能耗或建筑总能耗进行修正。

虽然在部分案例的分析结果中表明这些方法计算结果具有一定可行性，但也存在一些问题。对于“基期能耗-影响因素”模型法，首先在影响因素的选择上很少给出选取依据；建筑的影响因素种类多且各因素之间相互影响，在建立模型时自变量容易出现共线性，导致建模消耗大量的时间；影响因素与能耗之间的复杂关系有时不能采用线性回归模型来表示，如两者呈现非线性关系、多变量之间存在相互耦合的情况。对于修正系数法，同样在确定修正因素时未能明确修正范围，容易造成修正因素的遗漏或误修；另外，将修正因素与能耗之间近似考虑为线性关系，与实际情况可能存在较大差异，特别是利用空调度小时数修正空调能耗时，由于围护结构存在热惯性，通过围护结构的传热量和温度的波动幅度与室外气象条件的波动幅度之间存在衰减和延迟，并非简单的线性关系。

对于测量法，往往存在测量参数的工作量与准确性之间的矛盾。隔离测量法中的方案B虽然测量周期足够长，但并未考虑改造前后不可预测的随机因素对能耗的影响，而相似日比较法虽然考虑了随机因素带来的调整量，但是没有充分考虑多种负荷率条件下的节能效果，导致计算得到的节能率可能缺乏代表性。

4.4.2　不同用能系统的节能量计算方法适用性

（1）照明系统节能量计算方法

1）比利时计算方法

欧盟于2002年12月通过《建筑能效指令》2002/91/EC，并于2006年1月在各成员方立法实施。基于该能效指令的要求，比利时总结出一套适用于该国的照明节能计算和评价方法。该方法不仅考虑因天然采光所获得的节能水平，还将照明控制纳入该计算体系。该计算方法将房间分为天然采光区和人工照明区。房间照明总能耗是天然采光区和人工照明区两部分的照明能耗和，还包括控制系统所产生的能耗。

① 天然采光区照明能耗

天然采光区照明能耗计算公式如式（4.1）所示：

$$W_{\_dl} = P_{lgt\_r} \times \frac{A_{f,r\_dlgt}}{A_{f,r}} \times f_{sw} \times (f_{m\_dl} \times T_d + f_{m\_ar} \times T_n) \tag{4.1}$$

式中，$W_{_dl}$为r房间有天然采光区域年耗电量，kW·h；P_{lgt_r}为r房间总照明功率，kW；A_{f,r_dlgt}为r房间内可采光区域的面积，m^2；f_{sw}为开关控制系统系数；f_{m_dl}为天然采光区域预设控制系统系数；f_{m_ar}为人工照明区域预设控制系统系数；T_d为年度照明日运行小时数，h；T_n为年度照明夜运行小时数，h。

② 人工照明区域能耗

人工照明区域能耗计算公式如式（4.2）所示：

$$W_{\_ar} = P_{lgt\_r} \times \frac{A_{f,r\_art}}{A_{f,r}} \times f_{sw} \times f_{m\_ar} \times (T_d + T_n) \tag{4.2}$$

式中，$W_{_ar}$为r房间人工照明区域年耗电量，kW·h；A_{f,r_art}为r房间内天然采光区的面积。

③ 控制系统年耗电量

控制系统年耗电量计算公式如式（4.3）所示：

$$W_{\_ctr} = [P_{ctr\_on} \times f_{sw} \times (T_d + T_n)] + P_{ctr\_out} \times [8760 - f_{sw} \times (T_d + T_n)] \tag{4.3}$$

式中，$W_{_ctr}$为r房间控制系统和传感器的年耗电量，kW·h；P_{ctr_on}为照明运行时控制系统功率，控制器、镇流器、传感器等的默认为5W；P_{ctr_out}为照明不运行时控制系统功率，控制器、镇流器、传感器等的默认为5W。天然采光区域和人工照明区域之和即为房间总面积。T_d和T_n根据房间的使用情况确定。办公室照明运行时间的基准值一般为一年50周，每周5天，一天9h。开关控制系数f_{sw}参考比利时的相关规范，若采用手动开关，且无人员传感器，则$f_{sw}=1$，若有自动开关，且有人员传感器，则$f_{sw}=0.8$。若房间照明不可调光，则f_{m_dl}和f_{m_ar}均取1。若可以调光，则f_{m_dl}和f_{m_ar}分别按照式（4.4）和式（4.5）计算：

$$f_{m\_dl} = \max\left\{0.6; \min\left[1.0; 0.6 + 0.4 \times \frac{A_m - 8}{22}\right]\right\} \tag{4.4}$$

$$f_{m\_dl} = \max\left\{0.8;\min\left[1.0;0.8+0.2\times\frac{A_m-8}{22}\right]\right\} \tag{4.5}$$

2）欧盟计算方法

欧盟标准 EN 15193 对照明能耗的计算也有相关方法，照明年总能耗等于照明基本能耗、照明控制和应急照明能耗之和。与比利时的方法一样，欧洲标准的计算方法同时考虑了照明自身带来的能耗，同时还详细地把天然采光和人员传感器控制计算在内。尽管两种方法都提出在计算前先确定天然采光区域和人工照明区域，之后将两个区域的照明能耗相加；而欧盟计算方法是在确定天然采光依附系数对室内也进行相应的可采光和不可采光的分区（根据房间、窗户几何尺寸、室外遮挡情况等因素来确定）。以下方法适用于月度和年度照明能耗的计算。

照明基本能耗可按照式（4.6）计算：

$$W_{L,t}=\frac{\Sigma\{(P_n\times f_c)\times[(t_D\times f_o\times f_D)+(t_N\times f_o)]\}}{1000} \tag{4.6}$$

式中，$W_{L,t}$ 为照明基本用电量，kW·h；P_n 为房间总照明安装功率，W；f_c 为恒定照度系数；f_o 为人员使用依附系数；f_D 为天然采光依附系数；t_D 为年度白天照明运行小时数，h；t_N 为年度夜间照明运行小时数，h。

寄生能耗（照明控制系统待机能耗和应急照明能耗）

寄生能耗可按照式（4.7）计算：

$$W_{P,t}=\frac{\Sigma\{\{P_{pc}\times[t_y-(t_D+t_N)]\}+(P_{em}\times t_e)\}}{1000} \tag{4.7}$$

式中，$W_{P,t}$ 为照明控制系统的耗电量，单位为 kW·h；P_{pc} 为房间控制系统的总功率，W；t_y 为标准年小时数，即 8760h；P_{em} 为房间应急照明总功率，W；t_e 为年度应急照明电池的充电时间，h。

人员使用依附系数 f_o 取值取决于房间尺寸、人员控制系统类型、使用时间等因素。与比利时的计算方法相比，EN 15193 标准对天然采光依附系数的计算考虑得更为详细，引入的影响因素也更多。

3）我国计算方法

①《建筑采光设计标准》

我国关于照明节能的标准如《建筑采光设计标准》GB 50033—2013、《建筑照明设计标准》GB 50034—2013 等分别对建筑设计中的采光节能方法以及各类照明工程设计中的照明功率密度做出了相关的规定，降低照明功率密度能有效减少照明能耗，而合理利用天然光、减少人工照明时间更是照明节能的有效措施。我国编制的《建筑采光设计标准》GB 50033—2013 明确给出了采光设计的节能计算方法。该标准的节能计算方法适用对象为房间的采光有效进深区，用于建筑设计阶段的采光节能效果评价。根据全部天然采光和部分利用天然采光的两个时间段分别计算采光节能量，可节省的年照明用电量 W_e 可按式（4.8）计算：

$$W_e=\Sigma(P_n\times t_D\times f_D+P_n\times t'_D\times f'_D)/1000 \tag{4.8}$$

式中，W_e 为可节省的年照明用电量，kW·h/a；P_n 为房间或区域的照明安装总功率，W；t_D 为全部利用天然采光的时数，h；t'_D 为部分利用天然采光的时数，h；f_D 为全部利用天然采光时的采光依附系数；f'_D为部分利用天然采光时的采光依附系数，在临界照度与设计照度之间的时段取0.5。

在全部利用天然采光的时段内，室外照度大于15000lx，有效采光进深区满足采光系数标准值3%的要求，无需采用人工照明作补充，因此在该时段的采光依附系数$f_D=1$，而针对需要人工照明补充的部分利用天然采光时段，室外照度为5000～15000lx，有效采光进深区满足采光系数为1%～3%，该时段的采光依附系数$f'_D=0.5$。

②《公共建筑节能检测标准》

在我国行业标准《公共建筑节能检测标准》JGJ/T 177—2009对照明系统能耗测量规定了具体测量方法，其要求测量改造区域在基准期和报告期照明主回路的电量。测量前，需要从区域配电箱中断开除照明外其他用电设备的电源，或者关闭检测线路上除照明外其他设备的电源，防止其他用电设备或非改造措施对照明节能量的影响；测量时应开启所测回路上的所有灯具，并等到光源的光输出达到稳定后开始测量；测量后照明回路总耗电量可按照式（4.9）和式（4.10）计算。

$$e_n=\sum_{i=1}^{j}p_i \tag{4.9}$$

$$E_0=e_1+e_2+\cdots+e_n \tag{4.10}$$

式中，e_n为所测区域的照明总耗电量，kW·h；p_i为第i条照明回路耗电量，kW·h；E_0为层照明耗电量，kW·h。

由于公共建筑实际配电系统情况较复杂，照明回路多数都混入其他类型的负载，常见的有室内照明+插座设备或室内照明+分体式房间空调器等。因此在测量照明回路耗电量时，若要获取照明系统的耗电量，还需要将混入照明回路的其他用电设备电源断开，并记录这些工作设备的功率和工作规律。但在实际测量工作中，断开其他设备电源可能会影响建筑的正常使用，因此照明系统耗电量的测量宜选择在非工作时间进行。

③《节能量测量和验证技术要求——照明系统》

《节能量测量和验证技术要求——照明系统》GB/T 31348—2014建议的照明系统节能量计算方法为“基期能耗-影响因素”模型法。通过统计测量获取照明能耗的独立变量，然后建立基期能耗-影响因素的线性回归模型，这种方法主要参考了ASHRAE Guideline 14中给出的数学方法。具体应用过程与空调系统类似。

A. 选取主要能耗影响因素

照明能耗影响因素素通常包括光源的数量、光源的功率、照明系统运行时间、控制方式、照明质量（包括照度、眩光、色温等）、照明区域的数量等。

B. 建立“基期能耗-影响因素”回归模型

基于照明系统能耗和相关影响因素的基期数据，建立以能耗影响因素为独立变量的照明系统“基期能耗-影响因素”函数。建立模型如式（4.11）所示。

$$E_b=f(x_1,x_2,\cdots,x_i) \tag{4.11}$$

式中，E_b为照明系统基期能耗，kW·h；x_i可作为独立变量的基期影响因素值，$i=1$，2…n，其中，n为影响因素的个数；f为基期能耗与影响因素独立变量之间的函数关系。

C. 校准能耗计算

将统计报告期的测量数据代入建立的回归模型对校准能耗进行计算。

D. 校准能耗调整值 A_m

通常情况下，校准能耗调整值（非常规调整）A_m 为 0。实施非常规调整时，A_m 应得到业主方和改造方的确认。

E. 节能量计算

照明系统节能量计算公式可按照式（4.12）计算。

$$E_s = E_r - E_a \tag{4.12}$$

式中，E_s 为照明系统节能量，kW·h；E_r 为统计报告期照明系统能耗，kW·h；E_a 为照明系统校准能耗，kW·h。

值得关注的是，该能耗模型还考虑了照度对能耗的影响，说明对照明系统节能改造效果的评价不仅关注能耗的减少，还应保证室内照明的效果。但是建筑内不同功能的房间照度要求也不同，若仅求所有房间照度的平均值，显然计算出来的照明能耗不合理，因此需要对每种功能房间或区域的照明能耗建立回归模型，再做加和才能得到建筑照明系统总能耗。

（2）空调系统能耗修正影响因素

1）空调系统能耗构成

空调系统能耗的影响因素体现在两个方面，一是建筑在使用时的空调负荷需求量，二是空调设备的运行状态。图 4.4 给出了空调系统能耗构成的关系逻辑图。

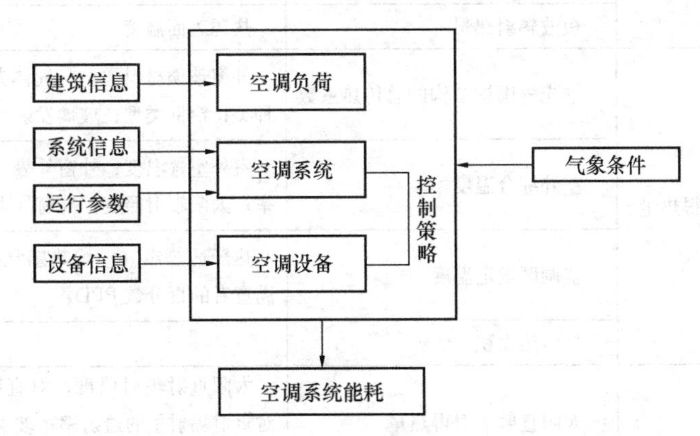

图 4.4 空调系统能耗的组成

空调负荷计算经过多年来学者的研究，可以大致将计算方法归纳为以稳态传热理论为基础的度日法、温频法等和以动态传热为理论基础的谐波反应法、反应系数法和状态空间法等。由于冬季室外温度波动小，远小于室内外温差的平均值，采用平均温差的稳态计算带来的误差也比较小，在工程上是可以接受的，因此在冬季供暖负荷计算中可以采用稳态计算方法。夏季空调冷负荷的计算相比冬季热负荷要复杂得多，由于夏季室内外温差小、波动大，采用稳态计算冷负荷会导致错误的结果，应采用非稳态方法计算。从空调冷负荷形成的过程看，热量的传递主要有以下几个过程：室外空气与围护结构外表面的对流换热；太阳辐射通过墙体导热将热量传入室内；室内外温差作用下通过外窗的对流换热；透过外窗玻璃进入室内的太阳辐射热量；照明、设备、人体的散热量；引入室外新风带来的热量。

空调系统的耗电功率包括空调系统冷源、水输配系统和末端耗电功率。单一的空调设备能效的提高不代表空调系统的能耗减少，还要依靠设备的控制策略实现系统整体的优化，才能达到节能的目的。

综合上述空调系统能耗组成原理，得到能耗影响因素的分类结果（如表4.9所示）。

空调系统运行能耗影响因素　　**表4.9**

负荷/能耗形成部位	一级影响因素	二级影响因素	三级影响因素
外墙	外表面对流换热量	室外空气综合温度	室外空气温度；外窗外表面对太阳辐射的吸收率；太阳辐射照度；外表面对流换热系数
		外表面对流换热系数	流体的物理性质；换热表面的几何因素
	墙体导热	传热系数	各层材料导热系数；内表面换热系数；外表面换热系数；各层材料热阻
		热惰性	各层材料蓄热系数；热阻
	内表面对流换热量	室内空调区设计温度	热舒适等级（平均热感觉指数PMV、预计不满意者的百分数PPD）
		内表面对流换热系数	流体的物理性质；换热表面的几何因素
	室内辐射热量	长波辐射热量	当量辐射换热系数；内表面温度；室内其他内表面温度
		短波辐射热量	热源表面温度
玻璃或透光材料	显热得热量	透光外围护结构的总传热系数	外窗玻璃材料类型；气体夹层厚度；夹层气体种类；窗框类型；玻璃发射率
		室外综合温度	室外空气温度；外窗外表面对太阳辐射的吸收率；太阳辐射照度；外窗外表面对流换热系数
		空调区设定温度	热舒适等级（平均热感觉指数PMV、预计不满意者的百分数PPD）
		总传热面积	—
	透过玻璃窗的太阳辐射得热量	太阳直射辐射得热量	太阳直射辐射照度；对直射辐射量的吸收率；对直射辐射量的透射率；玻璃或透光材料表面换热热阻
		太阳散射辐射得热量	太阳散射辐射照度、对散射辐射的吸收率；对散射辐射的透射率；玻璃或透光材料表面换热热阻
		玻璃或其他透光外围护结构材料对太阳辐射的遮挡系数	玻璃材料类型
		遮阳设施的遮阳系数	遮阳形式；遮阳设施尺寸
		阳光实际照射面积比	透明外围护结构上光斑面积；透光外围护结构面积
		透光外围护结构有效面积系数	窗框面积占比

续表

负荷/能耗形成部位	一级影响因素	二级影响因素	三级影响因素
照明、室内设备	照明、室内设备散热量	对流散热量	室内空气温度；设备四周表面温度
		辐射散热量	长波辐射量；短波辐射量
室内人员	室内人员散热量	对流换热量	对流换热温差；空气流速
		蒸发散热量	皮肤表面水蒸气分压力；皮肤潜热散热量与环境空气的水蒸气分压力
		辐射散热量	人体与外界的长波辐射
室外新风	新风负荷	新风量	最小新风量要求；换气次数
		室内外空气焓差	室内外空气干球温度和湿度
空调设备和系统	冷源系统	冷源设备功率	冷水机组：制冷剂流量；蒸发器/冷凝器内热流密度、蒸发/冷凝温度；冷水流量；冷水进/出口温度、冷却水流量；冷却水进/出口温度 冷却塔：冷却水出水/回水温度；空气进/出风焓值、冷却水流量；冷却塔风机运行控制方法
	输配系统	输配设备功率	冷水泵：冷水末端水量是否可调；水泵是否变频；并联台数；本身特性；管网阻力特性 冷却水泵：冷却水泵本身特性、冷却水管网特性、水泵是否变频、并联台数
	末端系统	末端设备功率	空调机组：空调风系统形式（定风量/变风量）；冷水流量；冷水进/出水温度；空调房间设定温湿度；室外空气温湿度；新风量控制方法 风机盘管：空调房间设定温度；冷水流量；冷水进/出水温度；风机盘管的风量
	运行调节策略	—	空调系统形式；空调负荷特性；运行时间等

2）修正影响因素确定

受不可预测的因素对空调系统运行状态的影响（如气象条件、入住率等），计算节能量时需要引入调整量来保证改造前后的能耗具有可比性。在空调系统众多的影响因素中，哪些因素应该划分入修正范围，尚需要通过全面分析得到。在目前的节能改造项目中，常用的改造措施主要包括更换高效照明灯具、外窗玻璃更换为中空玻璃或双层玻璃、空调系统水泵变频技术、空调系统增加自动控制系统以及提高空调区设定温度等，这些改造措施主要通过改变表 4.9 中照明散热量、玻璃总传热系数、空调系统运行能效等影响因素来改变空调系统能耗。因此，可以将表 4.10 中的影响因素结合到节能改造技术措施，讨论在两种常见的改造措施组合模式下，将上述影响因素归类划分为建筑固有因素、随机变化的因素和由改造引起变化的因素（如表 4.10 和表 4.11 所示）。

改造措施组合一空调系统能耗影响因素分类　　表4.10

措施组合一	建筑固有因素	随机变化因素	由改造引起变化的因素
更换LED照明灯具+集中空调冷水泵变频改造	墙体热工性能（传热系数、热惰性）； 墙体内、外表面对流换热系数； 外窗传热系数； 外墙、外窗传热面积； 外窗玻璃对太阳辐射的遮挡系数； 遮阳设施的遮阳系数； 阳光实际照射面积比； 透光外围护结构有效面积系数； 空调区设定温度； 室内空气焓值； 新风量	室外空气温度； 太阳辐射得热量； 照明（设备）同时使用率； 人体散热量； 人员在室率； 室外空气焓值； 设备运行时间	照明散热量； 空调系统运行功率

改造措施组合二空调系统能耗影响因素分类　　表4.11

措施组合二	建筑固有因素	随机变化因素	由改造引起变化的因素	不确变化的因素
更换LED照明灯具+更换节能外窗玻璃+集中空调自动控制技术和水泵变频技术+提高末端空调区设定温度	墙体热工性能（传热系数、热惰性）； 墙体内、外表面对流换热系数； 外墙、外窗传热面积； 遮阳设施的遮阳系数； 阳光实际照射面积比	室外空气干球温度； 室外空气湿球温度； 太阳辐射得热量； 照明（设备）同时使用率； 人体散热量； 人员在室率； 设备运行时间	外窗传热系数； 外窗玻璃对太阳辐射的遮挡系数； 外窗玻璃有效面积系数； 照明散热量； 空调系统运行功率； 室内空气干球温度； 室内空气湿球温度	空调区设定温度（取决于改变设定温度的主体）

对于建筑固有因素，通常认为在改造前后没有发生变化，修正时可不考虑；对于由改造措施的实施而引起变化的因素（如空调系统运行功率、照明散热量等），这些因素的变化正是改造措施产生的节能效果，因此在修正时也不考虑；对于随机变化因素，如室外空气干球温度、湿球温度、太阳辐射量和人员在室率等，这些因素不属于节能改造的范围，且在改造前后的变化不受人为控制，但又影响空调系统的运行状态，应该考虑进行修正。

从表4.10和表4.11可以看出，对于不同的改造措施组合，随机变化因素的分类结果比较相似。两种改造模式下的随机变化因素可以归纳为室外气象条件和室内人员活动行为。需要说明的是，当由建筑业主自行调整了空调区设定温度或新风量，而不是通过节能服务公司实施改造技术时，调整的温度或新风量也应该考虑能耗修正的计算中。通过上述分析，空调系统常见的修正因素主要可以分为室外气象条件、室内热湿环境需求和室内人员行为三类因素（如表 4.12 所示）。

能耗修正的因素分类　　表 4.12

因素类型	室外气象参数	室内热湿环境需求	人员行为
因素名称	室外空气干球温度； 室外空气湿球温度； 太阳辐射量	空调区设定温度； 室内新风量	建筑运行时间； 照明、设备的使用率； 室内人员密度

表 4.12 给出了修正因素分类结果，明确了修正因素的范围。在节能量的调整量计算时，可以先将表中的因素代入实际建筑，测量或统计相关参数，对比上述因素改造前后的变化情况，最终确定空调系统的修正因素。例如，采用整体能耗法建立“基期能耗-影响因素”模型时，可以通过对比改造前后表 4.12 中因素的变化，得到变化明显的因素拟作为模型的自变量；采用相似日比较法选取相似日时，可以利用表 4.12 给出的因素及其在改造前后的变化情况作为相似日选取的依据。

3）修正因素分析

修正因素确定后，进行修正时还需要解决两个关键问题：一是修正因素的变化引起多少能耗变化时需要进行修正，由于修正因素大多属于随机变化量，在改造前后都会有所差异，为了说明能耗变化的显著程度，需要在修正前给定一个能耗变化量的允许范围，在工程上是可以接受的。当由于某个影响因素变化导致能耗变化在允许范围内时，可以不对该因素的变化进行修正。二是如何量化修正因素与能耗之间的关系，从而给出修正式。

目前对于室外气象参数主要采用度日法进行修正。利用度日法在计算采暖空调能耗时假设空调能耗与室外温度呈线性关系，分别定义改造前后采暖度日数的比值、空调度小时数的比值为气象参数的修正系数。该气象参数修正方法比较粗略，未考虑太阳辐射得热量和墙体的蓄热性对空调负荷的影响，可能会导致修正的结果出现较大误差。

室内人员影响因素主要包括室内人员的散热散湿量、人员对室内空调设备的控制和人员在室内的位移。人员对室内照明（设备）、空调设备的控制会直接影响空调设备的使用时间和同时使用率，人员位移会引起室内人员密度的变化。由于人体散热量对空调总能耗的影响程度比较有限，在修正时可不考虑。人员位移和动作的驱动因素比较复杂，与室内的热湿环境状态、人体自身对周围环境的热感觉、人员的日常习惯、人员工作作息安排等多种因素有关。目前，国内外在研究人行为对空调系统能耗的影响时主要采用随机性数学模型来模拟人的行为，模型的建立需要考虑人行为的随机性、多样性和复杂性等主要属性，并监测室内人员情况、环境参数、行为动作等大量参数。在进行修正因素的判断时，人体对环境的热感觉和人员日常习惯可以认为在改造前后不发生变化，容易发生变化的主要驱动因素有室内热湿环境状态和人员作息安排。

目前对于人员行为修正的研究采用改造前后运行时间的比值作为修正参数，将运行时间与空调能耗视为线性关系，计算得到运行时间变化的修正量。这种方法只考虑了单一驱动因素对人员行为的影响，但是人员行为的驱动因素还包括生理的、心理的以及室内环境状态等，这样简化的可行性还需要进一步确定；另外，该方法假设运行时间与空调能耗呈线性关系，该假设还应进一步给出参考依据。

4.4.3 我国节能量核定方法

（1）国家节能量核定导则

近年来，公共建筑节能改造示范项目陆续完工，对于示范项目的验收工作提上日程。节能量是公共建筑节能改造示范项目验收的主要考核点，也是采用合同能源管理等市场机制模式开展公共建筑节能改造的核心问题。但目前适用于我国节能改造项目的节能量核定方法很少，主要原因是我国建筑能耗相关数据采集不全面，常见的方法（如多元回归分析、建筑模拟软件等）并不适用于我国，在数据缺失的情况下，这类方法的准确度也受到质疑。为规范指导公共建筑节能量核定，促进公共建筑节能领域合同能源管理市场机制健康发展，住房和城乡建设部组织住房城乡建设部科技与产业化发展中心、中国建筑科学研究院及重庆大学等11家单位编制了《公共建筑节能改造节能量核定导则》（以下简称《导则》）。

《导则》主要适用于单体公共建筑和建筑群，以及与建筑或建筑群相关联的用能系统的节能改造节能量核定工作。节能量核定是对公共建筑节能改造实施效果的分析判断，主要根据改造措施实施前后公共建筑能源消耗情况的检测、监测和分析结果对节能量进行核定。公共建筑节能改造节能量核定的相关检测方法应符合现行标准的有关规定，节能量核定应在相应工况下开展。节能量核定主要针对具有常规功能的围护结构、用能设备或系统的改造，对于满足建筑物特种功能的用能系统（如大型医疗设备、实验或检测仪器、信息中心等），可不纳入建筑物常规功能的节能量核定范围。

《导则》的主要内容包括总则、术语、基本规定、节能量（率）核定的原则、节能量核定方法（账单分析法）、节能量核定方法（测量计算法）、形式检查。导则明确了节能量核定的项目边界和主要指标，以账单分析法为主、测量计算法为辅的节能量（率）核定方法，规定了改造前和改造后的检查要求，对科学评价公共建筑节能改造实施效果有良好的指导作用。

在账单分析法中，最关键的是要将改造实施后建筑运行条件调整到与改造前的运行条件一致，即通过选取建筑能耗的关键影响因素对改造后的能耗进行修正。由于不同类型建筑的影响因素不同，《导则》中给出的修正因素及方法参考了现行《民用建筑能耗标准》GB/T 51161—2016中的相关条文，包括办公建筑的年运行时间和人员密度，酒店建筑的入住率和客房面积所占比例，商场建筑的运行时间。

在测量计算法中，《导则》给出了建筑各项用能系统的测量计算方法，相应的基准期能耗可参考能源审计报告、运行记录、分项计量和能耗数据等计算得出，各项用能系统包括供暖通风空调与生活热水系统、供配电与照明系统、可再生能源应用系统、其他系统（包括电梯、围护结构等）。

（2）节能效果判断方法示例——重庆市节能量核定办法

为了配合重庆市公共建筑节能改造重点城市示范项目的建设工作，落实《重庆市公共建筑节能改造重点城市示范项目管理暂行办法》规定的申报要求，制定拨付补助资金的合理依据，进一步根据提高既有公共建筑节能改造项目节能量核定的科学性、合理性和公平性，确保既有公共建筑节能改造实施效果。重庆市住房和城乡建设委员会组织专家编制了《重庆市公共建筑节能改造节能量核定办法（试行）》，并随着工作的开展，再次对其进行完善修订，最终确定了《重庆市公共建筑节能改造节能量核定办法》（以下简称《办法》）。

1）核定思路

根据国家《导则》的核定思路，《办法》中规定对于重庆市公共建筑节能改造项目可根据实际情况选用账单分析法和测量计算法进行节能量核定：

① 采用账单分析法时，应确保基准期和报告期至少具备1个完整周期运行工况下的计量账单数据，且应保证计量账单数据完整准确。该方法使用步骤与国家层面的《导则》保持一致，不再赘述。

② 采用测量计算法时，若节能改造涉及设备性能变化，应对影响设备或系统运行能耗的关键性能参数进行检测，其关键性能参数的检测应由具备检测资质的第三方机构承担并出具检测报告，被改造的设备与系统应在改造前后在相近的运行工况下采用同样的检测方法分别进行性能检测，该报告作为节能量计算的主要参考依据；当改造不涉及设备性能变化时，应对影响设备或系统运行能耗的关键参数进行测试，测试方法应符合国家现行标准《公共建筑节能检测标准》JGJ/T 177—2009 和《采暖通风与空气调节工程检测技术规程》JGJ/T 260—2011 等的相关规定，且被改造的设备与系统应在改造前后在相近的运行工况下采用同样的测试方法分别进行测试，所出具的测试报告应由业主单位、节能服务公司等单位确认并给出书面证明文件。

2）核定主要内容

建筑节能量的核定针对节能改造对象，基于建筑用能特点，按照计算改造前后能耗差值或实测的思路来确定建筑节能量。同时，为解决建筑基准能耗和节能量调整量难以确定的问题，计算时应将条件设定为设计工况（或相近工况）。此外，参照行业标准可以确定统一的评价基准，使节能量的核定具有公认的比对对象。根据建筑用能特点，结合国内外节能量核定方法，提出适合重庆地区公共建筑节能改造节能量核定方法与步骤。

① 建筑现状核查。a. 建筑基本信息收集：包括建筑类型、建筑面积、建筑层数、使用功能、建筑总面积、空调面积、采暖面积、建筑空调系统形式、建筑采暖系统形式、建筑体形系数、建筑结构形式、建筑围护结构信息等；b. 建筑能耗信息收集：应至少收集12个月的能源费用账单和分项能耗账单。

② 建筑用能特征核查。查阅图纸及其他资料或通过测试的方式，参照行业标准对建筑用能特征进行核查，包括建筑室内外环境、围护结构、用能设备性能以及建筑节能运行控制等。

③ 改造前后建筑用能性能检测及节能量计算。针对建筑围护结构、照明插座系统、动力系统、空调系统、生活热水供应系统、供配电系统以及特殊（其他）用电系统的节能改造，详细描述改造方案，核查主要技术指标，计算主要技术指标改造前后变化率，通过实测或计算得到单项改造节能量及节能率。

④ 建筑总节能量及节能率计算。建筑节能改造总节能量应等于各用能设备系统分项节能量之和，包括照明插座系统年节能量、动力系统年节能量、空调系统年节能量、生活热水供应系统年节能量、供配电系统年节能量和特殊（其他）用电系统年节能量。建筑总节能率等于建筑改造总节能量与改造前建筑年总能耗的比值。其中，改造前建筑年总能耗以改造前该建筑某年能耗账单为依据。

3）核定流程

根据《重庆市公共建筑节能改造重点城市示范项目管理暂行办法》和《重庆市公共建筑节能改造节能量核定办法》及有关法律法规与技术标准的相关规定，公共建筑节能改造节能量的核定工作，在收集的节能改造项目相关材料的基础上，对节能改造面积、建筑改造前能耗状况、节能改造措施、建筑能源管理和分项计量体系、改造后建筑能耗状况等五个方面的内容进行核定。具体工作流程如下。

① 核定准备

根据节能量核定委托要求，与受核定方就核定事宜建立初步联系。

② 材料收集

对项目改造前后相关信息的核定和收集。核定需要的主要材料为建筑能耗账单、改造项目相关图纸、项目工程竣工验收资料、建筑运行管理数据、能耗设备基本性能参数、节能诊断报告、节能改造方案报告等。

③ 现场核定

改造完成且建筑用能系统运行稳定后，对改造建筑进行现场核定，并对现场核定情况进行完整的记录，包括核查改造面积、改造前后建筑能耗、节能改造措施内容和措施完成情况等。对现场核定结果进行分析整理后，完成《重庆市公共建筑节能改造重点城市示范项目初步核查意见书》。

④ 节能量测算

建筑节能改造后节能计算的具体方法按照《重庆市公共建筑节能改造节能量核定办法》，根据现场核定的数据进行节能量测算。测算完成后，提交节能量核定报告。

4）主要用能系统核算方法

① 照明插座系统

对于照明系统的节能量，国外的计算方法相对成熟，同时综合考虑了人工照明和天然采光的节能效果并将其量化。国内关于照明节能量的计算没有相关标准直接针对该问题给出计算或测量方法，如《建筑采光设计标准》GB 50033—2013 中给出的照明节能计算方法仅适用于设计阶段；《公共建筑节能检测标准》JGJ/T 177—2009 中给出的测量照明回路的方法在实际工作中存在操作困难。根据现有文献研究，照明系统运行能耗较少受到季节、气象因素的影响，结合实际核定工作开展的可行性，照明系统节能量可按式（4.13）进行简化计算：

$$E_{\mathrm{L}} = \sum_{i=1}^{n} (P_{\mathrm{bi}} \times t_{\mathrm{bi}} - P_{\mathrm{ri}} \times t_{\mathrm{ri}}) \times K_i \times \varphi \tag{4.13}$$

式中，E_{L} 为照明系统节能量，kgce；n 为改造的照明灯具类型个数；$P_{\mathrm{b}i}$ 为基准期状态下第 i 类照明灯具功率，kW；$P_{\mathrm{r}i}$ 为核定期状态下第 i 类照明灯具功率，kW；$t_{\mathrm{b}i}$ 为基准期状态下第 i 类照明灯具的运行时间，h；$t_{\mathrm{r}i}$ 为核定期状态下第 i 类照明灯具的运行时间，h；K_i 为第 i 类照明灯具所在建筑类型的同时使用系数；φ 为电力折算为标准煤的系数。

类似地，室内用能设备系统节能量按式（4.14）简化计算：

$$E_{\mathrm{P}} = \sum_{i=1}^{n} (P_{\mathrm{bi}} \times t_{\mathrm{bi}} - P_{\mathrm{ri}} \times t_{\mathrm{ri}}) \times K_i \times \varphi \tag{4.14}$$

式中，E_{P} 为室内用能设备系统节能量，kgce；n 为改造的室内用能设备类型个数；$P_{\mathrm{b}i}$ 为基准期状态下第 i 类室内用能设备功率，kW；$P_{\mathrm{r}i}$ 为核定期状态下第 i 类室内用能设备功率，kW；$t_{\mathrm{b}i}$ 为基准期状态下第 i 类室内用能设备的运行时间，h；$t_{\mathrm{r}i}$ 为核定期状态下第 i 类室内用能设备的运行时间，h；K_i 为第 i 类室内用能设备所在建筑类型的同时使用系数；φ 为电力折算为标准煤的系数。

对于采用减少室内用能设备待机能耗达到节能效果的改造，待机能耗应采用具有国家检测资质的相关检测机构出具的检测报告。当改造设备与表 4.13 相符时，节能量的核定也可采用表 4.13 的设备待机功率实测值。

室内用能设备待机功率测试值 **表 4.13**

设备名称	额定功率（W）	测试的待机功率（W）
房间空调器	1490（制冷）/1620（制热）	2.11
	1045（制冷）/1203（制热）	2.28
台式电脑	190	1.90
打印机	485	3.16

② 空调系统

A. 空调冷水（热泵）主机

对于空调系统冷水（热泵）主机性能的改造，根据核定原则，需要由具有检测资质的第三方检测机构对其关键性能参数进行检测，被改造的设备与系统应在改造前后在相近的运行工况下采用同样的检测方法分别进行性能检测，该报告作为节能量计算的主要参考依据。空调冷水（热泵）主机节能量计算公式如式（4.15）所示：

$$E_{\text{chiller}} = \sum_{i=1}^{n} P_{\text{b}i} \times t_{\text{b}i} \times K_i \times \eta_i \times \varepsilon \tag{4.15}$$

式中，E_{chiller} 为空调冷水（热泵）主机节能量，kgce；n 为改造的空调冷水（热泵）主机运行工况数；$P_{\text{b}i}$ 为基准期状态下第 i 类工况下空调冷水（热泵）主机功率，kW；$t_{\text{b}i}$ 为基准期状态下第 i 类工况下空调冷水（热泵）主机的运行时间（h）；K_i 为第 i 类工况下空调冷水（热泵）主机所在建筑类型的同时使用系数；η_i 为核定期状态下第 i 类工况下空调冷水（热泵）主机的节能率，由具有检测资质的第三方检测机构提供；ε 为空调冷水（热泵）主机所用能源折算为标准煤的系数。

B. 空调水泵及水系统

当空调系统在部分负荷下运行时，根据水泵的相似定律，水泵功率与流量的三次方成正比，流量的减少导致功率下降（但实际工程中，水泵的控制策略、水泵运行效率和反馈调节的误差等多方面难以量化的因素导致水泵实际节能效果不能简单地按照相似定律计算）。因此，当建筑长期处于部分负荷条件下运行时，水泵变流量运行具有很大的节能潜力。

建筑空调系统全年的负荷处于动态变化，在节能量测量与验证时，水泵节能效果的大小往往取决于测量期空调系统的负荷率。那么，选取单一的部分负荷或满负荷进行测量，可能都不能代表全年或制冷季水泵实际的节能效果，理论上应当考虑所有负荷条件下的节能效果。因此，在空调水泵节能量测量计算时，需要考虑不同运行工况下水泵的节能效果，从而确定出水泵的综合节能量。空调系统水泵的节能量计算方法按式（4.16）计算：

$$E_{\text{pump}} = \sum_{i=1}^{n} E_i \times \eta_i \times \varepsilon \tag{4.16}$$

式中，E_{pump} 为空调水泵节能量，kgce；n 为空调水泵运行工况数；E_i 为基准期状态下不同工况下空调水泵能耗，kW·h；η_i 为不同工况下空调水泵节能率，%；φ 为电力折算为标准煤的系数。

其中，不同工况下空调水泵节能率 η_i 应根据以下两种方法之一确定：

a. 涉及水泵本身性能改造，应提供第三方检测报告，检测报告中应包含输入电能、输入功率、输出功率、水泵能效、水泵改造前后的节能率等；

b. 涉及水泵功能改变（如加变频器，集中控制等），不涉及水泵本身性能改造，水泵功能变化后的节能率应由测试得到。

对于水泵测试的工况选取，采用相似日的原则，即根据表 4.14 在基准期和核定期的对应时间选取两组相似日（每组至少包含两种典型工况，每组测试时间不少于两天，每天测试周期为 24h），相似日选取原则如表 4.15 所示。

测试时间选取参考 **表 4.14**

测试期	测试时间	工况
基准期	4月	典型工况 1（如高负荷）
	7月	典型工况 2（如低负荷）
核定期	4月	对应典型工况 1
	7月	对应典型工况 2

主要能耗影响因素最大允许偏差 **表 4.15**

参数名称	平均室外干球温度	平均室外湿球温度	日入住率
相似日最大允许偏差	±5%	±3%	±10%

则不同工况下水泵功能变化后的节能率为

$$\eta_i = \frac{\sum_{i=1}^{n} E_{1i} - \sum_{i=1}^{n} E_{2i}}{\sum_{i=1}^{n} E_{1i}} \tag{4.17}$$

式中，η_i 为不同工况下水泵功能变化后的节能率，%；n 为空调水泵运行工况数；$\sum_{i=1}^{n} E_{1i}$ 为测试期不同工况下水泵功能变化前的总能耗，kgce；$\sum_{i=1}^{n} E_{2i}$ 为测试期不同工况下水泵功能变化后的总能耗，kgce。

空调水泵节能率按式（4.18）计算：

$$e_{\text{pump}} = \frac{E_{\text{pump}}}{\sum_{i=1}^{n} E_{\text{b}i}} \times 100\% \tag{4.18}$$

式中，e_{pump} 为空调水泵节能率，%；E_{pump} 为空调水泵节能量，kgce；n 为空调水泵运行工况数；$\sum_{i=1}^{n} E_{\text{b}i}$ 为基准期状态下不同工况空调水泵能耗之和，kgce。

③ 生活热水系统

A. 热水锅炉。

热水锅炉的节能量计算思路根据采用的改造措施不同，将节能量计算方法分为两种：

a. 当改造以提高锅炉燃烧热效率为目的时，需根据国家标准《生活锅炉热效率及热工试验方法》GB/T 10820—2011 由第三方检测机构进行检测并计算核定期热水锅炉效率，出具检测报告。检测结果为试验工况下的锅炉效率，可作为锅炉核定期实际运行效率的主要参考。锅炉节能量按式（4.19）计算：

$$E_{\text{boiler}} = E_{\text{b}} \times \left(1 - \frac{\eta_1}{\eta_2}\right) \times \varepsilon \tag{4.19}$$

式中，E_{boiler} 为锅炉节能量，kgce；η_1 为基准期锅炉热效率，%；η_2 为核定期锅炉热效率，%；ε 为锅炉所用能源折算为标煤的系数。

b. 当改造主要利用烟气余热回收技术进行热量回收再利用时，需要由业主和改造实施单位共同完成测试并记录每日通过热回收产生的卫生热水量（t/d）、进水和出水温度 t_1、t_2。

锅炉节能量按式（4.20）计算：

$$E_{\text{boiler}} = \sum_{i=1}^{n} \frac{c \times m \times \Delta t_i}{\eta \times q} \times T_i \times \varepsilon \tag{4.20}$$

式中，E_{boiler} 为锅炉节能量，kgce；c 为水的定压比热容，取 4.18kJ/(kg·℃)；m_i 为不同工况下生产的卫生热水量，kg/d；Δt_i 为不同工况下生产的卫生热水进出口温差，$\Delta t = t_2 - t_1$，℃；η 为基准期状态下锅炉热效率，通过铭牌或设备手册得到，%；T_i 为不同工况下运行天数，d；q 为天然气热值，kJ/m^3；ε 为锅炉所用能源折算转化为标煤的系数。

锅炉节能率按式（4.21）计算：

$$e_{\text{boiler}} = \frac{E_{11}}{E_{\text{b}}} \times 100\% \tag{4.21}$$

式中，e_{boiler} 为锅炉节能率，%；E_{boiler} 为锅炉节能量，kgce；E_{b} 为基准期状态下锅炉能耗，kgce。

B. 热水水泵

计算分析同空调水泵及水系统。

5）重庆市核定办法特色

重庆地区节能量核定办法主要包括账单分析法和测量计算法。在测量计算法中，通过总结重庆建筑用能特征方法，进一步得到节能诊断方法，进行节能改造技术选择与方案确定，最终计算节能量。主要用来进行信息收集，包括建筑基本信息、用能设备信息、建筑能耗信息、用能管理现状等，还可进行设备检测或现场测试获得设备系统能效以及室内环境相关信息等，计算得到建筑节能量。

建筑节能改造效果往往受建筑能耗多种因素的影响，导致报告期与基准期的建筑运行工况有所差异，进而使得节能量难以在统一的核算条件下进行；另外，考虑到部分项目可能存在账单缺失或用电计量范围与改造建筑范围不一致的情况，节能量核定计算时若完全依赖能源费用账单，则无法顺利完成核定任务。针对上述问题，重庆市《办法》给出了解决办法，即以同一基准来衡量改造实施的效果，将节能改造前后的建筑运行工况调整为同一个工况，再对节能量进行计算。

另外，采用账单分析方法不能有效地体现各节能技术在节能量核定中的贡献率。而重庆市《办法》是针对建筑各项用能系统节能改造的效果评价，在节能量计算结果中，明确地给出各项用能系统的节能量大小，这为节能改造技术的进一步推广提供了参考依据，也为编制重庆市《公共建筑节能改造应用技术规程》DBJ 50/T—163—2013、《重庆市节能改造技术及产品性能规定》渝建〔2016〕176 号、《重庆市公共建筑节能改造示范项目和资金管理办法》渝建发〔2016〕11 号、《公共建筑节能改造项目合同能源管理合同文本》

（节能效益分享型）渝建〔2016〕183号等相关技术标准和管理文件奠定了基础。

常用能源折算系数如表4.16所示。

常用能源折算系数 表4.16

终端能源	标准煤折算系数
电力（等价值）	按当年火电发电标准煤耗计算（kgce/（kW·h））
天然气	1.29971kgce/m^3
人工煤气	0.54286 kgce/m^3
汽油、煤油	1.4714kgce/kg
柴油	1.4571 kgce/m^3
原煤	0.7143kgce/kg
标准煤	1.000kgce/kgce
市政热水（75℃/50℃）	100kgce/t
市政蒸汽（0.4MPa）	0.1286kgce/kg

能耗核算中"当量值"与"等价值"的概念及其有关规定：

① "当量值"与"等价值"的基本概念："当量值"是一个计量单位的能源本身所具有的热量。而"等价值"则是生产一个单位的能源产品所消耗的另外一种能源产品的热量。目前，这个规定主要体现在电力产品的消费量折标计算上。

② 能耗核算中关于"当量值"和"等价值"计算的有关规定：为了与世界接轨，同时便于和历史资料对比，我国统计制度明确规定：计算国家、省、市级的能源消费总量时，电力采用等价值（即当年每发1kW·h电消费的标准煤量）核算；而基层企业计算能源消费量时，电力则采用当量值（即1kW·h电本身的热量860kcal/7000kcal＝0.1229gce，也就是每万kW·h电折1.229tce）核算。因此，目前各省、市能源消费总量都是采用等价值口径核算的，而规模以上工业企业能源消费量是采用当量值口径核算的，两者间由于电力的折标准煤系数不同，由此计算出的能源消费总量和单位增加值能耗也不同，有时差别会很大，不能直接对比。

4.5 合同能源管理

4.5.1 简介

合同能源管理是20世纪70年代中期在发达国家逐步发展起来的一种节能服务机制，在国外简称EPC（Energy Performance Contracting），在国内广泛地被称为EMC（Energy Management Contracting），它由专门的节能服务公司（Energy Service Company，ESCO）在为客户提供耗能设备的改良、更新服务及设备运行节省下来的能源费用中回收投资和获得利润。

合同能源管理机制的实质是一种以减少的能源费来支付节能项目全部成本的节能投资方式，其基本运作模式和投资与利益分配机理如图4.5和图4.6所示。这种节能投资方式允许用户使用未来的节能收益为建筑用能单位和能耗设备升级，以及降低目前的运行成本。节能服务合同在实施节能项目的企业（用户）与专门的盈利性能源管理公司之间签订，它有助于推动节能项目的开展。

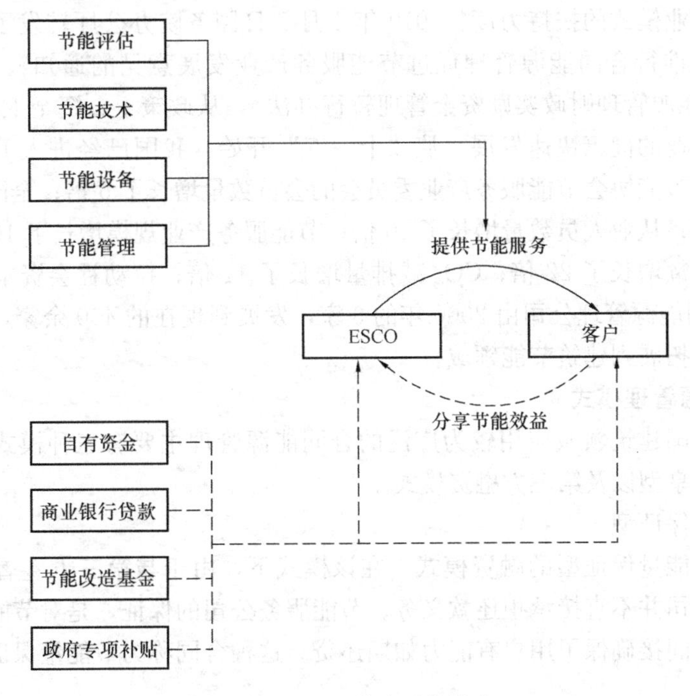

图 4.5 EMC 基本运作模式

国外既有建筑节能改造最普遍的方式是通过能源管理公司负责改造的全过程工作。能源管理公司与房屋所有者签订协议后，对房屋进行评估，出具节能改造方案、实施节能改造工作并承担风险，但可以享受政府的相关优惠政策，如低息、贴息贷款和税收优惠等，改造后协议期内收益归能源管理公司所有。协议期后，节能的收益归房屋所有者。我国已经逐步引入这种模式，但是从应用成熟度上来说，国外更加成熟和完善。

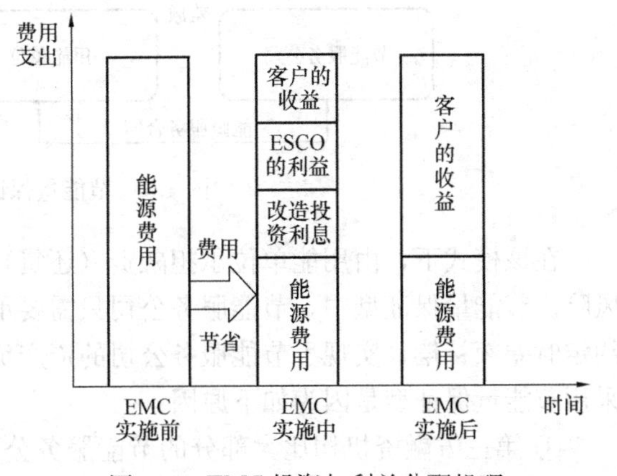

图 4.6 EMC 投资与利益分配机理

合同能源管理不是推销产品或技术，而是推销一种减少能源成本的财务管理方法。基于这种机制运作、以盈利为直接目的的专业化“节能服务公司”的发展也十分迅速，尤其是在美国、加拿大和欧洲地区，节能服务公司已发展成为一种新兴的节能产业。节能服务公司服务的客户不需要承担节能实施的资金、技术和风险，并且可以更快地降低能源成本，获得实施节能后带来的收益，并可以获取节能服务公司提供的设备。节能服务公司的经营机制是一种节能投资服务管理；客户见到节能效益后，节能服务公司才与客户一起共同分享节能成果，取得双赢的效果。

合同能源管理模式在欧美等发达国家和地区非常盛行，也是最主要的一种市场化节能机制。我国从 20 世纪 90 年代通过世界银行全球环境基金项目，在山东、北京和大连设立试点，目前已有20余个省市出台文件，鼓励发展节能服务产业。近年来，我国加大了对合同能源管理商业模式的扶持力度，2010年4月2日国务院办公厅转发了发展改革委等部门《关于加快推行合同能源管理促进节能服务产业发展意见的通知》、财政部出台了《关于印发合同能源管理财政奖励资金管理暂行办法》，从政策上、资金上给予大力支持，促进节能服务产业的健康快速发展。从“十一五”开始，我国已经进入ESCO行业的高速发展期。中国节能协会节能服务产业委员会的会员数量增长了5倍；全国节能服务公司数量增长了9倍；从业人员数量增长了10倍；节能服务产业规模增长了16倍；合同能源年管理项目投资额增长了22倍；CO_2减排量增长了11倍；拉动社会资本投资累计超过1800亿元。合同能源管理公司由2000年的3家，发展到现在的400余家，这些企业中的一部分都将业务拓展到建筑节能领域。

4.5.2　合同能源管理模式

现阶段在我国建筑领域应用较为广泛的合同能源管理主要有三种模式：节能量保证型、节能效益分享型以及第三方融资模式。

（1）节能量保证型

图4.7为节能量保证型的融资模式。在该模式下，由于与第三方签署独立的贷款合同，节能服务公司并不直接承担还款义务。节能服务公司的保证，是对节能项目所要达到的成果的保证，间接确保了用户有能力如期还贷。这种合同称为节能量保证型的能源服务合同。

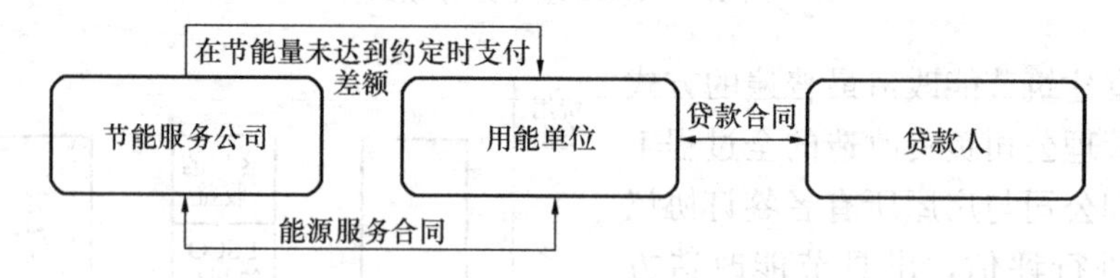

图4.7　节能量保证型融资模式

在该模式下，由用能单位承担融资（还贷）风险，节能服务公司承担项目的节能绩效风险。节能量保证型中，节能服务公司只需要承担绩效风险，即实际节能量未能达到合同约定时差额补偿，实现了节能服务公司的资产负债表外融资。不少大型合同能源管理项目采用节能量保证型是因为如下原因：

① 第三方融资机构比大部分的节能服务公司在用户信用评估方面更专业，经验更丰富，对用户的控制更加深入，风险承受力更强；

② 不少情况下，用户的信用等级比节能服务公司的信用等级要高；

③ 将项目的融资风险和绩效风险分开，可以保证节能服务工资更专注于提供专业化的节能服务。

（2）节能效益分享型

图4.8为节能效益分享型模式。该模式与节能量保证型的最主要区别在于融资主体的不同以及随之而来的效益分配比例的不同。相比于节能量保证型模式，节能效益分享型模式可使节能服务公司获得更高的回报，以作为风险溢酬。另外，一些相关法律和政策也规定或鼓励采用节能效益分享型模式。

在该模式下，用能单位无需承担融资风险，节能服务公司则需要承担项目的绩效风险

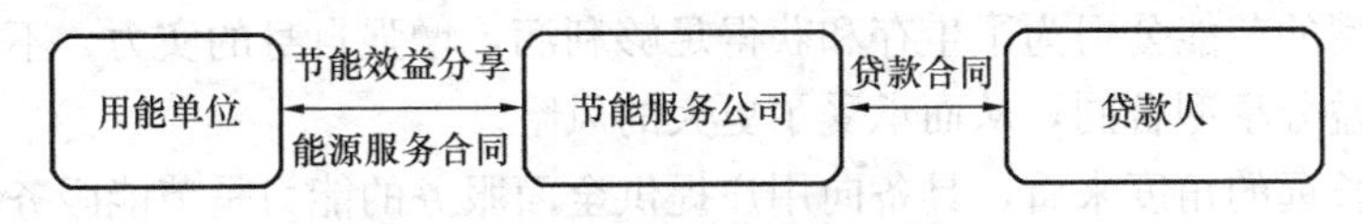

图 4.8 节能量分享型融资模式

和融资风险，并且在用户违约时，该风险将进一步放大。

(3) 第三方融资模式

第三方融资是由用能单位和节能服务公司以外的主体进行项目融资，即特殊目的公司 (Special Purpose Company，SPE)，其运营模式如图 4.9 所示。

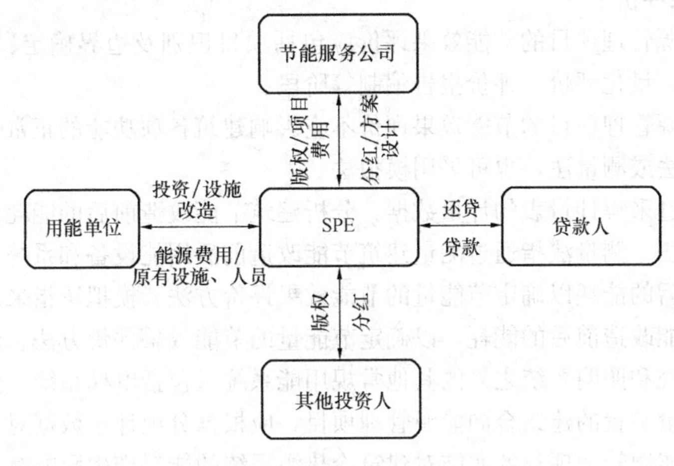

图 4.9 第三方融资模式

该模式具有如下优点：

① 实现融资的无追索或有限追索，保护节能公司本身不受牵或受影响较小。

② 节能服务公司只要在 SPE 中的股份不超过一定比例，SPE 的负债就不会出现在节能服务公司的资产负债表上，降低了节能服务公司的融资风险和成本。

③ 通过引入其他股权投资人，获得更多资金来源，并分散了风险；此外，可通过引进实力较强的投资人，实现信用等级增加及降低融资成本。

④ 在不少国家和地区，新成立企业可能享受税收优惠政策。因我国目前合同能源管理发展时间不长（约 20～30 年），已经成功实施的合同能源管理项目有限，故在融资、管理、技术、法律等方面所积累的经验和教训都相对欠缺。在这种大的背景下，应用节能量保证型和节能效益分享型则各有优劣。

对于节能量保证型融资模式，将融资和公司运作分开，利用被改造企业平均实力较强、融资相对容易的优势，有助于节能公司以更专注于能源审计、施工建设、节能量检测、运行维护等环节，使公司提供更优质的服务。不仅如此，由于合同能源项目较普通的节能改造项目夏杂，节能量保证型融资模式可以在一定程度上减少风险的来源，降低风险程度和项目操作复杂度，同时提高合同能源管理项目的成功率，从而起到良好的示范效果。

相比于节能量保证型，节能效益分享型的最大优势就在于能够获得更多的利润。因此，在目前我国节能减排压力巨大而相关法律并不完善、能源价格也并未充分市场化的背景下，许多小型的节能公司为了生存和获得足够利润，增强自身的实力，不得不与用能单位签订节能效益分享型合同，从而承受了更大的风险。

然而，从长远的角度来看，具备向用户提供全面服务的能力是节能服务公司的发展方向，而节能效益分享型项目的成功率恰恰是评价这种发展方向正确性和成熟度的指标，甚至可以作为用来评价节能服务公司及行业健康发展的指标之一。因此，在未来的节能服务公司及行业的发展中，政府应当倡导节能效益分享型项目的发展，使其在节能服务项目中的比重逐渐增多，引导节能服务公司及行业的正常发展。但是就目前而言，由于市场的不成熟等，究竟采用何种融资方式还需要具体的斟酌和考量。

4.5.3 节能效果评价

建筑合同能源管理项目的节能效果评价应包括项目识别及边界确定、评价方法确认、数据采集与处理，量化评价、评价报告编制等阶段。

建筑合同能源管理项目的节能效果评价不应影响建筑各项功能的正常使用。其节能量计算宜采用账单法或测量法，也可采用模拟法。

账单法指通过采集计量表的计量数据，分析建筑节能改造前后的能耗以确定节能量的节能效果评价方法。测量法指通过测量建筑节能改造前后用能设备和系统与能耗相关的参数，得到改造前后的能耗以确定节能量的节能效果评价方法。模拟法指采用建筑能耗模拟软件模拟建筑节能改造前后的能耗，以确定节能量的节能效果评价方法。建筑系统除冷热源系统、输配系统和照明系统之外的其他常规用能系统（包括电梯系统、热水系统等）。

安装分项计量装置的建筑合同能源管理项目，应根据分项计量数据对节能效果进行评价。当建筑合同能源管理项目的实施对建筑冷热源系统的能耗产生影响时，宜对冷热源系统的能源消耗量及其运行时间进行计量。

节能量可按式（4.22）计算：

$$E_s = E_a - E_e \tag{4.22}$$

式中 E_s ——节能量；

E_a ——校准能耗；

E_e ——评价期能耗。

基准期指在建筑合同能源管理项目实施前，能够代表项目边界内用能设备和系统运行规律的时间段。评价期指建筑节能改造措施完成且项目正常稳定运行，能够代表项目边界内用能设备和系统运行规律的时间段。

基准期内，项目边界内用能设备和系统的能源消耗量即为基准期能耗。评价期内，项目边界内用能设备和系统的能源消耗量即为评价期能耗。根据评价期条件对基准期能源消耗量进行校准。得到的评价期项目边界内用能设备和系统未实施建筑合同能源管理的能源消耗量，即为校准能耗。

4.5.4 项目边界

建筑能耗的影响因素主要包括气象条件、使用强度和运行条件，因此确定项目边界时应考虑上述因素的影响。其中，气象条件包括太阳辐射、室外空气干球温度和湿球温度、相对湿度等；使用强度包括实际运行时间、人员密度和设备密度等；运行条件包括为建筑提供照明、通风、空调和供暖的服务面积及建筑中各个房间的功能等。

为保证基准期能耗与评价期能耗具有可比性。一般情况下基准期和评价期选择的时间长度宜保持一致。如果选择的评价期长度与基准期不同，在进行节能量计算时，应先参照基准期长度选择一个完整的周期，获得节能量后，再进一步计算整个评价期内的项目节能量。

建筑运行提供的终端服务类型包括照明、空调、供暖和通风等。建筑合同能源管理项目实施节能改造或运行调整前后，可能有更换设备或优化服务量的措施，因而运行边界不是对某台设备或某种服务水平条件下的能耗进行统计，而是考虑节能改造前后项目运行边界所包含的终端服务类型的用能量。

影响建筑能耗的因素主要包括气象条件、使用强度和运行条件。在项目节能改造实施前后，这些影响因素都有可能发生显著的变化，从而影响项目节能量的客观评价。因此。项目节能量计算时，应考虑基准期能耗和评价期能耗受时间与空间等因素的影响，需对能耗进行修正。由于评价期能耗数据通常可实际测量得到，因此。评价期能耗可不作修正，而对基准期能耗进行修正。在计算项目节能量时，由于项目实施前后项目边界可能发生变化，节能量的计算应以评价期对应的项目边界为准。

4.5.5 能耗的确定

由于数据获取途径及合同能源管理项目节能改造措施可单一或多个综合使用，项目选择的能耗评价方法有所差异。数据获得宜优先采用能耗账单和能耗测量。在无法获得能耗账单和能耗测量的数据，但可获得模拟参数时，可采用能耗模拟。

如市政供热同时为建筑供暖、生活热水提供能源，燃气供暖锅炉与卫生热水锅炉共用燃气输入管时，宜对输入能源进行分项计量。分项计量本身是实现建筑能耗分析和节能管理的重要手段。

校准能耗的计算模型参照《节能量测量和验证技术通则》GB/T 28750—2012 中的“基准期能耗影响因素”模型。以能耗账单为原始数据，建立“基准期能耗-影响因素”的相关性模型，并使用该模型计算出校准能耗。

基准期能耗：

$$E_{\mathrm{h}} = f(x_1, x_2, \cdots x_i) \tag{4.23}$$

式中 E_{h}——基准期能耗，kW·h；

x_i——基准期能耗影响因素的值。

校准能耗：

$$E_{\mathrm{a}} = f(x'_1, x'_2, \cdots x'_i) \tag{4.24}$$

式中 E_{a}——校准能耗，kW·h；

x'_i——影响因素在评价期的值。

此方法考虑了项目实施前后外部条件的变化，适用范围广，节能量计算结果更加准确。若项目实施前后影响能耗的因素保持不变。也可采用项目实施前后的能耗数据直接进行计算。

由于使用强度和运行条件的变化会对建筑能耗产生明显的影响。不同类型的公共建筑，影响建筑能耗的使用强度因素不同。办公建筑的影响因素主要为建筑使用时间和人员密度；宾馆、酒店建筑的影响因素主要为客房入住率、会议室和餐厅使用率等；商场建筑的影响因素主要为使用时间。

如，办公建筑人员密度变化时的修正方法：

$$E'_{h,I} = \frac{I_e}{I_h} \times E_h \tag{4.25}$$

式中 $E'_{h,I}$——人员密度变化后的基准期能耗，kW·h；

I_e——评价期人员密度，人/m²；

I_h——基准期人员密度，人/m²。

如：商场建筑使用时间变化时的修正方法：

$$E'_{h,H} = \frac{H_e}{H_h} \times E_h \tag{4.26}$$

式中 $E'_{h,H}$——使用时间变化后的基准期能耗，kW·h；

H_e——评价期使用时间，h；

H_h——基准期使用时间，h。

为建筑提供照明、通风、空调和供暖的服务面积发生变化时，会使相应系统承担的负荷发生变化，进而影响到该系统和建筑的能耗。节能改造后，由于建筑物的某些空间功能改变。使服务面积发生变化时。可按下式进行修正：

$$E'_{h,A} = \frac{A_e}{A_h} \times E_h \tag{4.27}$$

式中 $E'_{h,A}$——服务面积变化后的基准期能耗，kW·h；

A_e——评价期的服务面积，m²；

A_h——基准期的服务面积，m²。

4.5.6 节能量确定方法

(1) 账单法

对可获得能耗账单及影响参数的项目，宜采用账单法计算节能量。综合服务系统的节能量计算宜采用账单法。

当采用账单法计算热源系统节能量时，宜采用供暖度日数作为“基准期能耗-影响因素”模型的影响因素。计算冷源系统节能量时，宜采用供冷度日数作为“基准期能耗影响因素”模型的影响因素。

(2) 测量法

对用能设备或系统运行工况稳定的项目、单项节能改造项目、照明系统节能改造项目的节能量计算、当冷热源系统的节能改造措施可关闭且不影响实际使用时，宜采用测量法计算节能量。测量法中的典型工况能耗可采用项目边界内的实测能耗计算得出。

当采用测量法计算照明系统节能改造的节能量时，应分别测量或监测灯具的数量、功率、照度、运行时间及调节方式。

(3) 模拟法

当无法获得能耗账单且无法测得能耗及相关参数时，可采用模拟法计算节能量。采用建筑模拟软件模拟前应对输入参数和模型进行校核，并应使模拟数据与实测数据相吻合。

当采用模拟法获得建筑冷热源系统的校准能耗时，应将实测获得的冷热源系统的能效比随负荷率的变化关系式作为计算能耗的依据，并应通过评价期的实测能耗数据校核模拟软件。

4.6 建筑碳排放计算

4.6.1 碳排放简介

建筑碳排放指的建筑物在与其有关的建材生产及运输、建造及拆除、运行阶段产生的温室气体排放的总和，以 CO_2 当量表示。

由于二氧化碳（CO_2）的分子量为 44，而碳（C）分子量为 12，因此“减排 CO_2”和“碳排放减少量”是完全不同的概念。1t 碳在氧气中燃烧后能产生大约 3.67tCO_2（两者分子量之比：44/12=3.67），因此减排 1t 碳就相当于减排 3.67tCO_2。

建筑碳排放计算方法可用于建筑设计阶段对碳排放量进行计算，或在建筑物建造后对碳排放量进行核算。应根据不同需求按阶段进行计算，并可将分段计算结果累计为建筑全生命期碳排放。

计算中应包含《IPCC 国家温室气体清单指南》中列出的各类温室气体。建筑运行、建造及拆除阶段中因电力消耗造成的碳排放计算，应采用由国家相关机构公布的区域电网平均碳排放因子。

4.6.2 运行阶段碳排放计算

建筑运行阶段碳排放计算范围应包括暖通空调、生活热水、照明及电梯、可再生能源、建筑碳汇系统在建筑运行期间的碳排放量。

建筑运行阶段碳排放量应根据各系统不同类型能源消耗里和不同类型能源的碳排放因子确定，建筑运行阶段单位建筑面积的总碳排放量（C_M）应按下列公式计算：

$$C_M = \frac{\left[\sum_{i=1}^{n}(E_i EF_i) - C_P\right]y}{A} \tag{4.28}$$

$$E_i = \sum_{j=1}^{n}(E_{i,j} - ER_{i,j}) \tag{4.29}$$

式中 C_M——建筑运行阶段单位建筑面积碳排放量，$kgCO_2/m^2$；

E_i——建筑第 i 类能源年消耗量，能源单位/a；

EF_i——第 i 类能源的碳排放因子，按表 4.17 或表 4.18 取值；

$E_{i,j}$——第 j 类系统的第 i 类能源消耗里，能源单位/a；

$ER_{i,j}$——第 j 类系统消耗由可再生能源系统提供的第 i 类能源量，单位/a；

i——建筑消耗终端能源类型，包括电力、燃气、石油、市政热力等；

j——建筑用能系统类型，包括供暖空调、照明、生活热水系统等；

C_P——建筑绿地碳汇系统年减碳量，$kgCO_2$/a；

y——建筑设计寿命，a；

A——建筑面积，m^2。

化石燃料碳排放因子　　**表 4.17**

分类	燃料类型	单位热值含碳量（tC/TJ）	碳氧化率（%）	单位热值 CO_2 排放因子（tCO_2/TJ）
固体燃料	无烟煤	27.4	0.94	94.44
	烟煤	26.1	0.93	89.00
	褐煤	28.0	0.96	98.56
	炼焦煤	25.4	0.98	91.27
	型煤	33.6	0.90	110.88
	焦炭	29.5	0.93	100.60
	其他焦化产品	29.5	0.93	100.60
液体燃料	原油	20.1	0.98	72.23
	燃料油	21.1	0.98	75.82
	汽油	18.9	0.98	67.91
	柴油	20.2	0.98	72.59
	喷气煤油	19.5	0.98	70.07
	一般煤油	19.6	0.98	70.43
	NGL天然气凝液	17.2	0.98	61.81
	LPG液化石油气	17.2	0.98	61.81
	炼厂干气	18.2	0.98	65.40
	石脑油	20.0	0.98	71.87
	沥青	22.0	0.98	79.05
	润滑油	20.0	0.98	71.87
	石油焦	27.5	0.98	98.82
	石化原料油	20.0	0.98	71.87
	其他油品	20.0	0.98	71.87
气体燃料	天然气	15.3	0.99	55.54

其他能源碳排放因子　　**表 4.18**

能源类型		缺省碳含量（tC/TJ）	缺省氧化因子	有效 CO_2 排放因子（tCO_2/TJ）		
				缺省值	95%置信区间	
					较低	较高
城市废弃物（非生物量比例）		25.0	1	91.7	73.3	121
工业废弃物		39.0	1	143.0	110.0	183.0
废油		20.0	1	73.3	72.2	74.4
泥炭		28.9	1	106.0	100.0	108.0
固体生物燃料	木材/木材废弃物	30.5	1	112.0	95.0	132.0
	亚硫酸盐废液（黑液）	26.0	1	95.3	80.7	110.0
	木炭	30.5	1	112.0	95.0	132.0
	其他主要固体生物燃料	27.3	1	100.0	84.7	117.0

续表

能源类型		缺省碳含量(tC/TJ)	缺省氧化因子	有效 CO_2 排放因子（tCO_2/TJ）		
				缺省值	95%置信区间	
					较低	较高
液体生物燃料	生物汽油	19.3	1	70.8	59.8	84.3
	生物柴油	19.3	1	70.8	59.8	84.3
	其他液体生物燃料	21.7	1	79.6	67.1	95.3
气体生物燃料	填埋气体	14.9	1	54.6	46.2	66.0
	污泥气体	14.9	1	54.6	46.2	66.0
	其他生物气体	14.9	1	54.6	46.2	66.0
其他非化石燃料	城市废弃物（生物量比例）	27.3	1	100.0	84.7	117.0

4.6.3 暖通空调系统

暖通空调系统能耗应包括冷源能耗、热源能耗、输配系统及末端空气处理设备能耗。暖通空调系统能耗计算方法应采用月平均方法计算年累计冷负荷和累计热负荷。分别设置工作日和节假日室内人员数量、照明功率、设备功率、室内设定温度、供暖和空调系统运行时间；根据负荷计算结果和室内环境参数计算供暖和供冷起止时间；反映建筑外围护结构热惰性对负荷的影响；负荷计算时应能够计算不少于10个建筑分区；计算暖通空调系统间歇运行对负荷计算结果的影响；考虑能源系统形式、效率、部分负荷特性对能耗的影响；计算结果应包括负荷计算结果、按能源类型输出系统能耗计算结果；建筑运行参数可参照表4.19的建筑物运行特征确定。

建筑物运行特征　　表4.19

建筑类型	房间类型	是否空调	是否供暖	夏季设计温度(℃)	夏季设计相对湿度(%)	冬季设计温度(℃)	冬季设计相对湿度(%)	设计照度(lx)	设备能耗密度(W/m^2)	月照明小时数(h)	照明功率密度(W/m^2)	人均新风量[m^3/(h·人)]
居住建筑	起居室	是	是	26	65	18	—	100	9.3	165	6	70
	卧室	是	是	26	65	18	—	75	12.7	135	6	20
	餐厅	是	是	26	65	18	—	150	9.3	75	6	20
	厨房	否	是	30	70	15	—	100	48.2	96	6	20
	洗手间	否	是	26	70	18	—	100	0	165	6	20
	储物间	否	是	26	65	5	—	0	0	0	0	20
	车库	否	是	26	65	5	—	30	0	30	2	20
公共建筑	办公室	是	是	26	65	20	—	500	13	294	18	30
	密集办公室	是	是	26	65	20	—	300	20	294	11	30
	会议室	是	是	26	65	20	—	300	5	420	11	30
	大堂门厅	是	是	26	65	20	—	300	0	585	15	20
	休息室	是	是	25	65	18	—	300	0	420	11	30
	设备用房	否	是	26	65	18	—	150	0	0	5	30

续表

建筑类型	房间类型	是否空调	是否供暖	夏季设计温度（℃）	夏季设计相对湿度（%）	冬季设计温度（℃）	冬季设计相对湿度（%）	设计照度（lx）	设备能耗密度（W/m²）	月照明小时数（h）	照明功率密度（W/m²）	人均新风量［m³/（h・人）］
公共建筑	库房	否	是	26	65	18	—	0	0	0	0	0
	车库	否		26	65	18	—	75	30	294	5	—
	酒店客房（三星以下）	是	是	26	65	18	—	150	20	207	15	20
	酒店客房（三星）	是	是	26	65	20	—	150	13	207	15	30
	酒店客房（四星）	是	是	25	60	21	—	150	13	207	15	40
	酒店客房（五星）	是	是	24	60	22	—	150	13	207	15	50
	多功能厅	是	是	26	65	20	—	300	5	420	18	30
	一般商店、超市	是	是	27	65	20	—	300	13	390	12	20
	高档商店	是	是	27	65	20	—	500	13	390	19	20
	中餐厅	是	是	25	60	20	—	200	0	393	13	20
	西餐厅	是	是	25	60	20	—	100	0	393	9	20
	火锅店	是	是	25	60	18	—	200	0	168	13	20
	快餐店	是	是	25	60	20	—	200	0	393	13	20
	酒吧、茶座	是	是	25	60	20	—	100	0	393	9	20
	厨房	否	是	28	65	18	—	200	0	393	13	—
	游泳池	是	是	30	75	26	—	300	0	168	18	25
	健身房	是	是	25	60	18	—	200	0	168	11	25
	保龄球房	是	是	25	60	18	—	300	0	288	18	25
	台球房	是	是	25	60	18	—	300	0	288	18	25
	教室	是	是	26	60	20	—	300	10	150	10	17
	阅览室	是	是	26	60	20	—	300	10	150	10	17
	电脑机房	是	是	25	60	18	—	300	40	390	11	30
	影剧院	是	是	28	65	20	—	200	0	480	11	20
	舞台	是	是	28	65	20	—	300	40	480	11	40
	舞厅	是	是	25	60	18	—	300	30	258	11	30
	棋牌室	是	是	27	60	20	—	200	0	132	11	20
	展览厅	是	是	27	60	18	—	300	20	300	11	20
	病房	是	是	27	60	22	—	100	0	129	5	50
	手术室	是	是	25	60	22	—	750	0	381	20	60
	候诊室	是	是	27	55	20	—	300	0	468	5	30
	门诊办公室	是	是	26	65	22	—	300	0	468	5	30
	婴儿室	是	是	27	60	25	—	300	0	315	5	60

续表

建筑类型	房间类型	是否空调	是否供暖	夏季设计温度(℃)	夏季设计相对湿度(%)	冬季设计温度(℃)	冬季设计相对湿度(%)	设计照度(lx)	设备能耗密度(W/m^2)	月照明小时数(h)	照明功率密度(W/m^2)	人均新风量[m^3/(h·人)]
公共建筑	药品储存库	是	是	16	60	16	—	300	0	615	5	0
	档案库房	是	是	24	60	14	—	200	0	540	5	0
	美容院	是	是	27	60	22	—	750	5	345	15	35

建筑碳排放计算中应分别计算建筑累积冷负荷和累积热负荷。建筑碳排放计算中的累积冷热负荷应根据下列内容确定：

1）通过围护结构传入的热量；

2）透过透明围护结构进入的太阳辐射热量；

3）人体散热量；

4）照明散热量；

5）设备、器具、管道及其他内部热源的散热量；

6）食品或物料的散热量；

7）渗透空气带入的热量；

8）伴随各种散湿过程产生的潜热量。

建筑碳排放计算时应计算气密性、风压和热压的作用、人员密度、新风量、热回收系统效率对通风负荷的影响。建筑累积冷负荷和热负荷应根据建筑物分区的空调系统计算，同一暖通空调系统服务的建筑物分区的冷负荷和热负荷应分别进行求和计算。根据建筑年供冷负荷和年供暖负荷计算暖通空调系统终端能耗时应根据下列影响因素分别进行计算：

1）供冷供暖系统类型；

2）冷源和热源的效率；

3）泵与风机的能耗情况；

4）末端类型；

5）系统控制策略；

6）系统运行内部冷热抵消等情况；

7）暖通空调系统能量输送介质的影响；

8）冷热回收措施。

暖通空调系统中由于制冷剂使用而产生的温室气体排放，应按下式计算：

$$C_r = \frac{m_r}{y_e} GWP_r / 1000 \tag{4.30}$$

式中 C_r——建筑使用制冷剂产生的碳排放量，tCO_2e/a（吨二氧化碳当量/年）；

r——制冷剂类型；

m_r——设备的制冷剂充注量，kg/台；

y_e——设备使用寿命，a；

GWP_r——制冷剂 r 的全球变暖潜值。

建筑冷热源的能耗计算应计入负载、输送过程和末端的冷热里损失等因素的影响。输送系统的能耗计算应计入水泵与风机的效率、运行时长、实际工作状态点的负载率、变频等因素的影响。

4.6.4 生活热水系统

建筑物生活热水年耗热里的计算应根据建筑物的实际运行情况，并应按下列公式计算：

$$Q_{\mathrm{rp}} = 4.187\frac{mq_{\mathrm{r}}C_{\mathrm{r}}(t_{\mathrm{r}} - t_{l})\rho_{\mathrm{r}}}{1000} \tag{4.31}$$

$$Q_{\mathrm{r}} = TQ_{\mathrm{rp}} \tag{4.32}$$

式中 Q_{r}——生活热水年耗热量，kW·h/a；

Q_{rp}——生活热水小时平均耗热量，kW/h；

T——年生活热水使用小时数，h；

m——用水计算单位数（人数或床位数，取其一）；

q——热水用水定额，L/人，按现行国家标准《民用建筑节水设计标准》GB 50555 确定；

q_{r}——热水密度，kg/L；

t_{r}——设计热水温度,℃；

t_{l}——设计冷水温度,℃。

建筑生活热水系统能耗应按下式计算，且计算采用的生活热水系统的热源效率应与设计文件一致。

$$E_{\mathrm{w}} = \frac{\frac{Q_{\mathrm{r}}}{\eta_{\mathrm{r}}} - Q_{\mathrm{s}}}{\eta_{\mathrm{w}}} \tag{4.33}$$

式中 E_{w}——生活热水系统年能源消耗，kW·h/a；

Q_{r}——生活热水年耗热量，kW·h/a；

Q_{s}——太阳能系统提供的生活热水热量，kW·h/a；

η_{r}——生活热水输配效率，包括热水系统的输配能耗、管道热损失、生活热水二次循环及储存的热损失,%；

η_{w}——生活热水系统热源年平均效率,%。

4.6.5 照明及电梯系统

建筑碳排放计算采用的照明功率密度值应同设计文件一致。照明系统能耗计算应将自然采光、控制方式和使用习惯等因素影响计入。

照明系统无光电自动控制系统时，其能耗计算可按下式计算：

$$E_{l} = \frac{\sum_{j=1}^{365}\sum_{i} P_{i,j}A_{i}t_{i,j} + 24P_{\mathrm{P}}A}{1000} \tag{4.34}$$

式中 E_{l}——照明系统年能耗，kW·h/a；

$P_{i,j}$——第 j 日第 i 个房间照明功率密度值，W/m²；

A_{i}——第 i 个房间照明面积，m²；

$t_{i,j}$——第 j 日第 i 个房间照明时间，h；

P_{P}——应急灯照明功率密度，W/m²；

A——建筑面积，m²。

电梯系统能耗应按下式计算，且计算中采用的电梯速度、额定载重量、特定能量消耗等参数应与设计文件或产品铭牌一致。

$$E_{e}=\frac{3.6P\,t_{a}VW+E_{standby}\,t_{s}}{1000} \tag{4.35}$$

式中　E_e——年电梯能耗，kW·h/a；

P——特定能量消耗，mWh/(kg·m)；

t_a——电梯年平均运行小时数，h；

V——电梯速度，m/s；

W——电梯额定载重量，kg；

$E_{standby}$——电梯待机时能耗，W；

t_s——电梯年平均待机小时数，h。

4.6.6　可再生能源系统

可再生能源系统包括太阳能生活热水系统、光伏系统、地源热泵系统和风力发电系统，其中太阳能热水系统提供的能量不应计入生活热水的耗能里，地源热泵系统的节能量应计算在暖通空调系统能耗内。

太阳能热水系统提供能量可按下式计算：

$$Q_{s,a}=\frac{A_{c}J_{T}(1-\eta_{L})\eta_{cd}}{3.6} \tag{4.36}$$

式中　$Q_{s,a}$——太阳能热水系统的年供能量，kW·h；

A——太阳集热器面积，m^2；

J_T——太阳集热器采光面上的年平均太阳辐照量，MJ/m^2；

η_{cd}——基于总面积的集热器平均集热效率，%；

η_L——管路和储热装置的热损失率，%。

光伏系统的年发电量可按下式计算：

$$E_{pv}=I\,K_{E}(1-K_{S})\,A_{P} \tag{4.37}$$

式中　E_{pv}——光伏系统的年发电量，kW·h；

I——光伏电池表面的年太阳辐射照度，$kW\cdot h/m^2$；

K_E——光伏电池的转换效率，%；

K_S——光伏系统的损失效率，%；

A_P——光伏系统光伏面板净面积，m^2。

风力发电机组年发电量可按下列公式计算：

$$E_{wt}=0.5\rho C_{R}(z)V_{0}^{3}A_{w}\rho\,\frac{\kappa_{WT}}{1000} \tag{4.38}$$

$$C_{R}(z)=K_{R}\ln\,(z/\,z_{0}) \tag{4.39}$$

$$A_{w}=5\,D^{2}/4 \tag{4.40}$$

$$EPF=\frac{APD}{0.5\rho\,v_{0}^{3}} \tag{4.41}$$

$$APD=\frac{\sum_{i=1}^{8760}0.50\rho V_{i}^{3}}{8760} \tag{4.42}$$

式中　E_{wt}——风力发电机组的年发电量，kW·h；

ρ——空气密度，取1.225kg/m³；

$C_R(z)$——依据高度计算的粗糙系数；

K_R——场地因子；

z_0——地表粗糙系数；

V_0——年可利用平均风速，m/s；

A_w——风机叶片迎风面积，m²；

D——风机叶片直径，m；

EPF——根据典型气象年数据中逐时风速计算出的因子；

APD——年平均能量密度，W/m²；

V_i——逐时风速，m/s；

κ_{WT}——风力发电机组的转换效率。

4.6.7　建造及拆除阶段碳排放计算

建筑建造阶段的碳排放，应包括完成各分部分项工程施工产生的碳排放和各项措施项目实施过程产生的碳排放。建筑拆除阶段的碳排放应包括人工拆除和使用小型机具机械拆除使用的机械设备消耗的各种能源动力产生的碳排放。

建筑建造和拆除阶段的碳排放的计算边界应符合下列规定：

1）建造阶段碳排放计算时间边界应从项目开工起至项目竣工验收止，拆除阶段碳排放计算时间边界应从拆除起至拆除肢解并从楼层运出止；

2）建筑施工场地区域内的机械设备、小型机具、临时设施等使用过程中消耗的能源产生的碳排放应计入；

3）现场搅拌的混凝土和砂浆、现场制作的构件和部品，其产生的碳排放应计入；

4）建造阶段使用的办公用房、生活用房和材料库房等临时设施的施工和拆除可不计入。

建筑建造阶段的碳排放量应按下式计算：

$$C_{JZ}=\frac{\sum_{i=1}^{n}E_{jz,i}EF_i}{A} \tag{4.43}$$

式中　C_{JZ}——建筑建造阶段单位建筑面积的碳排放量，$kgCO_2/m^2$；

$E_{jz,i}$——建筑建造阶段第i种能源总用量，kW·h或kg；

EF_i——第i类能源的碳排放因子，$kgCO_2/(kW\cdot h)$或$kgCO_2/kg$，按表4.17或表4.18确定；

A——建筑面积，m²。

建造阶段的能源总用量宜采用施工工序能耗估算法计算。施工工序能耗估算法的能源用量应下式计算：

$$E_{JZ}=E_{fx}+E_{cs} \tag{4.44}$$

式中　E_{JZ}——建筑建造阶段总能源用量，kW·h或kg；

E_{fx}——分项工程总能源用量，kW·h或kg；

E_{cs}——措施项目总能源用量，kW·h或kg。

分项工程能源用量应按下列公式计算：

$$E_{fx} = \sum_{i=1}^{n} Q_{fx,i} f_{fx,i} \tag{4.45}$$

$$f_{fx,i} = \sum_{j=1}^{m} T_{i,j} R_j + E_{jj,i} \tag{4.46}$$

式中 $Q_{fx,i}$——分部分项工程中第 i 个项目的工程量；

$f_{fx,i}$——分部分项工程中第 i 个项目的能耗系数，kW·h/工程量计量单位；

$T_{i,j}$——第 i 个项目单位工程量第 j 种施工机械台班消耗量，台班；

R_j——第 i 个项目第 j 种施工机械单位台班的能源用量，kW·h/台班，按本表4.20确定，当有经验数据时，可按经验数据确定；

$E_{jj,i}$——第 i 个项目中，小型施工机具不列入机械台班消耗量，但其消耗的能源列入材料的部分能源用量，kW·h；

i——分部分项工程中项目序号；

j——施工机械序号。

常用施工机械台班能源用量 **表 4.20**

序号	机械名称	性能规格		能源用量		
				汽油(kg)	柴油(kg)	电(kW·h)
1	履带式推土机	功率	75kW	—	56.50	—
2			105kW	—	60.80	—
3			135kW	—	66.80	—
4	履带式单斗液压挖掘机	斗容量	0.6m³	—	33.68	—
5			1m³	—	63.00	—
6	轮胎式装载机	斗容量	1m³	—	52.73	—
7			1.5m³	—	58.75	—
8	钢轮内燃压路机	工作质量	8t	—	19.79	—
9			15t	—	42.95	—
10	电动夯实机	夯击能量	250N·m	—	—	16.6
11	强夯机械	夯击能量	1200kN·m	—	32.75	—
12			2000kN·m	—	42.76	—
13			3000kN·m	—	55.27	—
14			4000kN·m	—	58.22	—
15			5000kN·m	—	81.44	—
16	锚杆钻孔机	锚杆直径	32mm	—	69.72	—
17	履带式柴油打桩机	冲击质量	2.5t	—	44.37	—
18			3.5t	—	47.94	—
19			5t	—	53.93	—
20			7t	—	57.40	—
21			8t	—	59.14	—

续表

序号	机械名称	性能规格		能源用量		
				汽油(kg)	柴油(kg)	电(kW·h)
22	轨道式柴油打桩机	冲击质量	3.5t	—	56.90	—
23			4t	—	61.70	—
24	步履式柴油打桩机	功率	60kW	—	—	336.87
25	振动沉拔桩机	激振力	300kN	—	17.43	—
26			400kN	—	24.90	—
27	静力压桩机	压力	900kN	—	—	91.81
28			2000kN	—	77.76	—
29			3000kN	—	85.26	—
30			4000kN	—	96.25	—
31	汽车式钻机	孔径	1000mm	—	48.80	—
32	回旋钻机	孔径	800mm	—	—	142.5
33			1000mm	—	—	163.72
34			1500mm	—	—	190.72
35	螺旋钻机	孔径	600mm	—	—	181.27'
36	冲孔钻机	孔径	1000mm	—	—	40.00
37	履带式旋挖钻机	孔径	1000mm	—	146.56	—
38			1500mm	—	164.32	—
39			2000mm	—	172.32	—
40	三轴搅拌桩基	轴径	650mm	—	—	126.42
41			850mm	—	—	156.42
42	电动灌浆机			—	—	16.20
43	履带式起重机	提升质量	5t	—	18.42	—
44			10t	—	23.56	—
45			15t	—	29.52	—
46			20t	—	30.75	—
47			25t	—	36.98	—
48			30t	—	41.61	—
49			40t	—	42.46	—
50			50t	—	44.03	—
51			60t	—	47.17	—
52	轮胎式起重机	提升质量	25t	—	46.26	—
53			40t	—	62.76	—
54			50t	—	64.76	—

续表

序号	机械名称	性能规格		能源用量		
				汽油(kg)	柴油(kg)	电(kW·h)
55	汽车式起重机	提升质量	8t	—	28.43	—
56			12t	—	30.55	—
57			16t	—	35.85	—
58			20t	—	38.41	—
59			30t	—	42.14	—
60			40t	—	48.52	—
61	叉式起重机	提升质量	3t	26.46	—	—
62	自升式塔式起重机	提升质量	400t	—	—	164.31
63			60t	—	—	166.29
64			800t	—	—	169.16
65			1000t	—	—	170.02
66			2500t	—	—	266.04
67			3000t	—	—	295.60
68	门式起重机	提升质量	10t	—	—	88.29
69	载重汽车	装载质量	4t	25.48	—	—
70			6t	—	33.24	—
71			8t	—	35.49	—
72			12t	—	46.27	—
73			15t	—	56.74	—
74			20t	—	62.56	—
75	自卸汽车	装载质量	5t	31.34	—	—
76			15t	—	52.93	—
77	平板拖车组	装载质量	20t	—	45.39	—
78	机动翻斗车	装载质量	1t	—	6.03	—
79	洒水车	灌容量	4000L	30.21	—	—
80	泥浆罐车	灌容量	5000L	31.57	—	—
81	电动单筒快速卷扬机	牵引力	10kN	—	—	32.90
82	电动单筒慢速卷扬机	牵引力	10kN	—	—	126.00
83			30kN	—	—	28.76
84	单笼施工电梯	提升质量 1t	提升高度 —		—	42.32
85			提升高度 —		—	45.66
86	双笼施工电梯	提升质量 2t	提升高度 —		—	81.86
87			提升高度 —		—	159.94

续表

序号	机械名称	性能规格		能源用量		
				汽油(kg)	柴油(kg)	电(kW·h)
88	平台作业升降车	提升高度	20m	—	48.25	—
89	泥浆式混凝土搅拌机	出料容量	250L	—	—	34.10
90			500L	—	—	107.71
91	双锥反转出料混凝土搅拌机	出料容量	500L	—	—	55.04
92	混凝土输送泵	输送量	$45m^3/h$	—	—	243.46
93			$75m^3/h$	—	—	367.96
94	混凝土湿喷机	生产率	$5m^3/h$	—	—	15.40
95	灰浆搅拌机	拌筒容量	200L	—	—	8.61
96	干混砂浆罐式搅拌机	公称储量	20000L	—	—	28.51
97	挤压式灰浆输送泵	输送量	$3m^3/h$	—	—	23.70
98	偏心振动筛	生产率	$16m^3/h$	—	—	28.60
99	混凝土抹平机	功率	5.5kW	—	—	23.14
100	钢筋切断机	直径	40mm	—	—	32.10
101	钢筋弯曲机	直径	40mm	—	—	12.80
102	预应力钢筋拉伸机	拉伸力	650kN	—	—	17.25
103			900kN	—	—	29.16
104	木工圆锯机	直径	500mm	—	—	24.00
105	木工平刨床	刨削宽度	500mm	—	—	12.90
106	木工三面压刨床	刨削宽度	400mm	—	—	52.40
107	木工榫机	榫头长度	160mm	—	—	27.00
108	木工打眼机	榫槽宽度	—	—	—	4.7
109	普通车床	工件直径×工件长度	400mm×2000mm	—	—	22.77
110	摇臂钻床	钻孔直径	50mm	—	—	9.87
111			63mm	—	—	17.07
112	锥形螺纹车丝机	直径	—	—	—	9.24
113	螺栓套丝机	直径	500mm	—	—	25.00
114	板料校平机	厚度×宽度	16mm×2000mm	—	—	120.60
115	刨边机	加工长度	12000mm	—	—	75.90
116	半自动切割机	厚度	100mm	—	—	98.00
117	自动仿形切割机	厚度	60mm	—	—	59.35
118	管子切断机	管径	150mm	—	—	12.90
119			250mm	—	—	22.50

续表

序号	机械名称	性能规格		能源用量		
				汽油 (kg)	柴油 (kg)	电 (kW·h)
120	型钢剪断机	剪断宽度	500mm	—	—	53.20
121	型钢矫正机	厚度×宽度	60mm×800mm	—	—	64.20
122	电动弯管机	管径	108mm	—	—	32.10
123	液压弯管机	管径	60mm	—	—	27.00
124	空气锤	锤体质量	75kg	—	—	24.20
125	摩擦压力机	压力	3000kN	—	—	96.50
126	开式可倾压力机	压力	1250kN	—	—	35.00
127	钢筋挤压连接机	直径	—	—	—	15.94
128	电动修钎机	—	—	—	—	100.80
129	岩石切割机	功率	3kW	—	—	11.28
130	平面水磨机	功率	3kW	—	—	14.00
131	喷砂除锈机	能力	$3m^3/min$	—	—	28.41
132	抛丸除锈机	直径	219mm	—	—	34.26
133	内燃单级离心清水泵	出口直径	50mm	3.36	—	—
134	电动多级离心清水泵	出口直径 100mm	扬程 120m 以下	—	—	180.4
135		出口直径 150mm	扬程 180m 以下	—	—	302.60
136		出口直径 200mm	扬程 280m 以下	—	—	354.78
137	泥浆泵	出口直径	50mm	—	—	40.90
138		出口直径	100mm	—	—	234.60
139	潜水泵	出口直径	50mm	—	—	20.00
140			100mm	—	—	25.00
141	高压油泵	压力	80MPa	—	—	209.67
142	交流弧焊机	容量	21V·A	—	—	60.27
143			32kV·A	—	—	96.53
144			40kV·A	—	—	132.23
145	点焊机	容量	75kV·A	—	—	154.63
146	对焊机	容量	75kV·A	—	—	122.00
147	氩弧焊机	电流	500A	—	—	70.70
148	二氧化碳气体保护焊机	电流	250A	—	—	24.50
149	电渣焊机	电流	1000A	—	—	147.00
150	电焊条烘干箱	容量	45×35×45 (cm^3)	—	—	6.70

续表

序号	机械名称	性能规格		能源用量		
				汽油 (kg)	柴油 (kg)	电 (kW·h)
151	电动空气压缩机	排气量	$0.3m^3/min$	—	—	16.10
152			$0.6m^3/min$	—	—	24.20
153			$1m^3/min$	—	—	40.30
154			$3m^3/min$	—	—	107.50
155			$6m^3/min$	—	—	215.00
156			$9m^3/min$	—	—	350.00
157			$10m^3/min$	—	—	403.20
158	导杆式液压抓斗成槽机	—	—	—	163.39	—
159	超声波侧壁机	—	—	—	—	36.85
160	泥浆制作循环	—	—	—	—	503.90
161	设备	—	—	—	—	64.00
162	工程地质液压钻机	—	—	—	30.80	—
163	轴流通风机	功率	7.5kW	—	—	40.30
164	吹风机	能力	$4m^3/min$	—	—	6.98
165	井点降水钻机	—	—	—	—	5.70

措施项目的能耗计算应符合下列规定：

脚手架、模板及支架、垂直运输、建筑物超高等可计算工程量的措施项目，其能耗应按下列公式计算：

$$E_{cs}=\sum_{i=1}^{n}Q_{cs,i}f_{cs,i} \tag{4.47}$$

$$f_{cs,i}=\sum_{j=1}^{m}T_{Ai,j}R_j \tag{4.48}$$

式中 $Q_{cs,i}$——措施项目中第 i 个项目的工程量；

$f_{cs,i}$——措施项目中第 i 个项目的能耗系数，kW·h/工程量计量单位；

$T_{Ai,j}$——第 i 个措施项目单位工程量第 j 种施工机械台班消耗量，台班；

R_j——第 i 个项目第 j 种施工机械单位台班的能源用量，kW·h/台班，按表4.20对应的机械类别确定；

i——措施项目序号；

j——施工机械序号。

施工降排水应包括成井和使用两个阶段，其能源消耗应根据项目降排水专项方案计算。施工临时设施消耗的能源应根据施工企业编制的临时设施布置方案和工期计算确定。

建筑拆除阶段的单位建筑面积的碳排放量应按下式计算：

$$C_{CC}=\frac{\sum_{i=1}^{n}E_{cc,i}EF_i}{A} \tag{4.49}$$

式中 C_{CC}——建筑拆除阶段单位建筑面积的碳排放量，$kgCO_2/m^2$；

$E_{cc,i}$——建筑拆除阶段第种能源总用量，kW·h或kg；

EF_i——第i类能源的碳排放因子，$kgCO_2/(kW \cdot h)$，按表4.17或表4.18确定；

A——建筑面积，m^2。

建筑物人工拆除和机械拆除阶段的能源用量应按下列公式计算：

$$E_{CC} = \sum_{i=1}^{n} Q_{cc,i} f_{cc,i} \tag{4.50}$$

$$f_{cc,i} = \sum_{j=1}^{m} T_{Bi,j} R_j + E_{jj,i} \tag{4.51}$$

式中 E_{CC}——建筑拆除阶段能源用量，kW·h或kg；

$Q_{cc,i}$——第i个拆除项目的工程量；

$f_{cc,i}$——第i个拆除项目每计量单位的能耗系数，kW·h/工程量计量单位或kg/工程量计量单位；

$T_{Bi,j}$——第i个拆除项目单位工程量第j种施工机械台班消耗量；

R_j——第i个项目第j种施工机械单位台班的能源用量；

i——拆除工程中项目序号；

j——施工机械序号。

建筑物爆破拆除、静力破损拆除及机械整体性拆除的能源用里应根据拆除专项方案确定。建筑物拆除后的垃圾外运产生的能源用量应按建材运输的规定计算。

4.6.8 建材生产及运输阶段碳排放计算

建材生产及运输阶段的碳排放应为建材生产阶段碳排放与建材运输阶段碳排放之和，并应按下式计算：

$$C_{JC} = \frac{C_{sc} + C_{ys}}{A} \tag{4.52}$$

式中 C_{JC}——建材生产及运输阶段单位建筑面积的碳排放量，$kgCO_2e/m^2$；

C_{sc}——建材生产阶段碳排放，$kgCO_2e$；

C_{ys}——建材运输过程碳排放，$kgCO_2e$；

A——建筑面积，m^2。

建材生产阶段碳排放应按下式计算：

$$C_{sc} = \sum_{i=1}^{n} M_i F_i \tag{4.53}$$

式中 C_{sc}——建材生产阶段碳排放，$kgCO_2e$；

M_i——第i种主要建材的消耗量；

F_i——第i种主要建材的碳排放因子（$kgCO_2e$/单位建材数量），按表4.21取值。

其中建筑的主要建材消耗量（M_i）应通过查询设计图纸、采购清单等工程建设相关技术资料确定。建材生产阶段的碳排放因子（F_i）应包括下列内容：

1）建筑材料生产涉及原材料的开采、生产过程的碳排放；

2）建筑材料生产涉及能源的开采、生产过程的碳排放；

3）建筑材料生产涉及原材料、能源的运输过程的碳排放；

4）建筑材料生产过程的直接碳排放。

建材生产阶段的碳排放因子宜选用经第三方审核的建材碳足迹数据。当无第三方提供时，缺省值可按表4.21建筑碳排放因子执行。

建材生产时，当使用低价值废料作为原料时，可忽略其上游过程的碳过程。当使用其他再生原料时，应按其所替代的初生原料的碳排放的50%计算；建筑建造和拆除阶段产生的可再生建筑废料，可按其可替代的初生原料的碳排放的50%计算，并应从建筑碳排放中扣除。

建材运输阶段碳排放应按下式计算：

$$C_{ys} = \sum_{i=1}^{n} M_i D_i T_i \tag{4.54}$$

式中 C_{ys}——建材运输过程碳排放，$kgCO_2e$；

M_i——第 i 种主要建材的消耗重量，t；

D_i——第 i 种建材平均运输距离，km；

T_i——第 i 种建材的运输方式下，单位重量运输距离的碳排放因子，$kgCO_2e/(t\cdot km)$。

主要建材的运输距离宜优先采用实际的建材运输距离。当建材实际运输距离未知时，可按表4.22中的默认值取值。

建材运输阶段的碳排放因子 T_i 应包含建材从生产地到施工现场的运输过程的直接碳排放和运输过程所耗能源的生产过程的碳排放。建材运输阶段的碳排放因子 T_i 可按表4.22的缺省值取值。

建筑材料碳排放因子 **表4.21**

建筑材料类别	建筑材料碳排放因子
普通硅酸盐水泥（市场平均）	$735kgCO_2e/t$
C30混凝土	$295kgCO_2e/m^3$
C50混凝土	$385kgCO_2e/m^3$
石灰生产（市场平均）	$1190kgCO_2e/t$
消石灰（熟石灰、氢氧化钙）	$747kgCO_2e/t$
天然石膏	$32.8kgCO_2e/t$
砂（f=1.6～3.0）	$2.51kgCO_2e/t$
碎石（d=10～30mm）	$2.18kgCO_2e/t$
页岩石	$5.08kgCO_2e/t$
黏土	$2.69kgCO_2e/t$
混凝土砖（240mm×115mm×90mm）	$336kgCO_2e/m^3$
蒸压粉煤灰砖（240mm×115mm×53mm）	$341kgCO_2e/m^3$
烧结粉煤灰实心砖（240mm×115mm×53mm，掺入量为50%）	$134kgCO_2e/m^3$
页岩实心砖（240mm×115mm×53mm）	$292kgCO_2e/m^3$
页岩空心砖（240mm×115mm×53mm）	$204kgCO_2e/m^3$
黏土空心砖（240mm×115mm×53mm）	$250kgCO_2e/m^3$
煤矸石实心砖（240mm×115mm×53mm，90%掺入量）	$22.8kgCO_2e/m^3$
煤矸石空心砖（240mm×115mm×53mm，90%掺入量）	$16.0kgCO_2e/m^3$
炼钢生铁	$1700kgCO_2e/t$

续表

建筑材料类别		建筑材料碳排放因子
铸造生铁		2280kgCO_2e/t
炼钢用铁合金（市场平均）		9530kgCO_2e/t
转炉碳钢		1990kgCO_2e/t
电炉碳钢		3030kgCO_2e/t
普通碳钢（市场平均）		2050kgCO_2e/t
热轧碳钢小型型钢		2310kgCO_2e/t
热轧碳钢中型型钢		2365kgCO_2e/t
热轧碳钢大型轨梁（方圆坯、管坯）		2340kgCO_2e/t
热轧碳钢大型轨梁（重轨、普通型钢）		2380kgCO_2e/t
热轧碳钢中厚板		2400kgCO_2e/t
热轧碳钢 H 钢		2350kgCO_2e/t
热轧碳钢宽带钢		2310kgCO_2e/t
热轧碳钢钢筋		2340kgCO_2e/t
热轧碳钢高线材		2375kgCO_2e/t
热轧碳钢棒材		2340kgCO_2e/t
螺旋埋弧焊管		2520kgCO_2e/t
大口径埋弧焊直缝钢管		2430kgCO_2e/t
焊接直缝钢管		2530kgCO_2e/t
热轧碳钢无缝钢管		3150kgCO_2e/t
冷轧冷拔碳钢无缝钢管		3680kgCO_2e/t
碳钢热镀锌板卷		3110kgCO_2e/t
碳钢电镀锌板卷		3020kgCO_2e/t
碳钢电镀锡板卷		2870kgCO_2e/t
酸洗板卷		1730kgCO_2e/t
冷轧碳钢板卷		2530kgCO_2e/t
冷硬碳钢板卷		2410kgCO_2e/t
平板玻璃		1130kgCO_2e/t
电解铝（全国平均电网电力）		20300kgCO_2e/t
铝板带		28500kgCO_2e/t
断桥铝合金窗	100%原生铝型材	254kgCO_2e/m^3
	原生铝：再生铝＝7：3	194kgCO_2e/m^3
铝木复合窗	100%原生铝型材	147kgCO_2e/m^3
	原生铝：再生铝＝7：3	122.5kgCO_2e/m^3
铝塑共挤窗		129.5kgCO_2e/m^3
塑钢窗		121kgCO_2e/m^3
无规共聚聚丙烯管		3.72kgCO_2e/kg

续表

建筑材料类别	建筑材料碳排放因子
聚乙烯管	3.60kgCO_2e/kg
硬聚氯乙烯管	7.93kgCO_2e/kg
聚苯乙烯泡沫板	5020kgCO_2e/t
岩棉板	1980kgCO_2e/t
硬泡聚氨酯板	5220kgCO_2e/t
铝塑复合板	8.06kgCO_2e/m^3
铜塑复合板	37.1kgCO_2e/m^3
铜单板	218kgCO_2e/m^3
普通聚苯乙烯	4620kgCO_2e/t
线性低密度聚乙烯	1990kgCO_2e/t
高密度聚乙烯	2620kgCO_2e/t
低密度聚乙烯	2810kgCO_2e/t
聚氯乙烯（市场平均）	7300kgCO_2e/t
自来水	0.168kgCO_2e/t

各类运输方式的碳排放因子［kgCO_2e/(t·km)］ **表4.22**

运输方式类别	碳排放因子
轻型汽油货车运输（载重2t）	0.334
中型汽油货车运输（载重8t）	0.115
重型汽油货车运输（载重10t）	0.104
重型汽油货车运输（载重18t）	0.104
轻型柴油货车运输（载重2t）	0.286
中型柴油货车运输（载重8t）	0.179
重型柴油货车运输（载重10t）	0.162
重型柴油货车运输（载重18t）	0.129
重型柴油货车运输（载重30t）	0.078
重型柴油货车运输（载重46t）	0.057
电力机车运输	0.010
内燃机车运输	0.011
铁路运输（中国市场平均）	0.010
液货船运输（载重2000t）	0.019
干散货船运输（载重2500t）	0.015
集装箱船运输（载重200TEU）	0.012

第5章　公共建筑能源管理技术

现阶段，在我国经济高速发展的同时，也面临着资源有限、能源消费急剧增长、能源供给与需求之间的矛盾日益突出等问题。数据显示，现阶段我国单位GDP的能耗水平是发达国家的3倍左右，这正是能源总体利用率较低所造成的。建筑能耗作为我国三大能源消耗类型之一，是影响我国总体能耗水平的关键部分。建筑用能效率的提升作为节能工作的重点，不应仅着眼于设备的更新替换，还应利用先进的能源管理手段，综合提高建筑用能的运行管理水平。

尽管目前国内外有很多研究机构对现有各类公共建筑设备的能耗及运行情况进行了摸底调研，为提高设备系统运行效率、降低设备系统的运行费用、研究设备的节能技术等方面提供了具有参考价值的数据，但是在标准层面上，如何开展建筑能源管理工作尚缺乏相关依据。

与此同时，加强建筑能源管理是缓解我国能源紧缺矛盾、改善人民生活、减少环境污染的一项最直接、经济性最好的措施。通过制定完善的建筑设备能源管理标准体系，有利于全面了解我国能耗水平、能耗结构、系统调控策略、设备性能和设备用能模式；为国家制定能源结构调整战略提供建筑能耗基础数据等参考依据；同时，为国家掌握建筑能耗工作的进展以及制定合理的相关建筑节能管理政策、标准提供数据支撑。

因此，建筑能源管理技术为建筑节能运行管理工作提供指导依据，解决存在的重改造、轻运行的工作盲区。此外，建筑能源管理技术还可以有效的促进建筑节能运行管理市场的建设，刺激建筑节能运行管理需求，引导建筑能源管理发展方向，建立建筑节能市场发展的良性循环。

建筑能源管理范围包括建筑中使用的各种能源和水资源，包括外购或输入到建筑的能源和水资源、经由能量系统转换并产生的二次能源，以及终端使用者消耗的能源和水资源。建筑能源管理活动应包括：建筑用能评估与审计、建筑用能系统节能运行与能效提升、日常维护和运行管理。建筑能源管理针对建筑物或者建筑群内的变配电、照明、插座、供暖、空调、通风、动力、电梯、热水、给排水等系统和设备开展的用能合理性评估、系统运行调适、节能节水改造等活动。同时，建筑能源管理工作中涉及的相关设备或系统的测试工作应满足国家相关检测标准要求。

5.1　建筑用能评估与审计

依据《建筑能源管理技术规程》T/CABEE 003-2020，公共建筑能源管理应持续开展用能评估，将用能评估工作按照执行人员的不同分为两个类别，一类是建筑使用者管理者自己开展的，是日常需完成的；另一类是为满足评价要求所聘请的第三方专业机构开展的，一般是定期开展的。而评估工作根据出发点不同，其具体的做法也有所区别。一个是从用能社会公平性出发的评估，是指公共建筑能源管理者根据被评估建筑为实现各种特定功能而消耗的能源和水资源情况，及其对应的同类型建筑和功能、相似气候或同地区的社会平均能耗水平，确定该建筑物为实现特定功能而消耗的能量是否合理。

从自身用能合理性出发的评估，是指在承认被测评建筑物的实际使用状况、实际围护结构性能、设备系统形式等先天因素的前提下，给出没有重大系统设备设计缺陷、没有严重浪费问题时对应的建筑能耗水平，作为该建筑物的合理能耗，并与该建筑的实际能源消耗进行对比，以此评估建筑的用能合理性。

能源管理者对建筑用能进行评估时，宜对建筑为实现某种特定功能而消耗的能量和水资源进行分项评估，评估内容包括：暖通空调系统电耗、照明和室内电器电耗、电梯电耗、热水生活能耗、通风系统电耗、给排水系统电耗等，以及总电耗和总外购能源消耗量和总用水消耗，并宜将能耗量统一为用能强度等能耗指标的形式。考虑到特殊功能不具备普遍可比性，因此，本条提出对于特殊功能的能量、水资源消耗量进行单独评估。本条所指的用能强度可为单位建筑面积的能耗，或公共建筑对应服务量（如入住率、客流量、营业额等）的单位服务量能耗；建议对通信机房、服务器机房等能耗强度特别高的特殊区域单独计量和评估。

能源管理者应定期对建筑用能合理性进行评估，应根据能耗系统运行的周期进行日常评估，间隔时间不应超过1年。考虑不同的能量系统运行周期不同，本文所指的日常评估周期，可采用供暖季、供冷季、季度、月度、周或日的评估。

建筑面积20000m^{2}及以上的公共建筑或设有集中空调系统的公共建筑应定期开展能源审计。能源审计应由符合条件的第三方机构承担，审计深度应符合《公共建筑能源审计导则》要求，达到二级及以上，能源审计时间间隔不应超过3年。

能源管理者对建筑物进行用能合理性评估时，应先进行能耗对标，对超过限额指标的用能系统应进行能源审计和现场实测。对于被测评建筑超过某项能耗指标合理值的用能系统，则进一步调研相关信息，根据模拟分析方法计算被测评建筑该用能系统合理用能指标值，再进行评估；对于被测评建筑该用能系统仍超过相应能耗指标限值，应进行能源审计和详细现场实测。

5.1.1　日常评估

建筑用能系统的日常评估应根据用能系统运行记录台账、能耗数据报表等，结合用能系统基本运行参数的测试数据，评价分析用能系统的运转和能效情况。用能系统运行记录反映了系统一段时期内的运行状况，能耗数据报表则反映了这段时期内能源消费情况。用能系统日常评估时，应以用能系统运行记录台账、能耗数据报表等分析为主，用能系统基本运行参数测试为辅的方式评价分析用能系统的功能性运转情况、能效情况，找出用能系统运行过程中的常见问题，指导用能系统运营维护工作的开展，从而保障建筑用能系统的日常高效运转。

其中，对于过程中使用到的建筑用能系统的表具精度应进行必要的要求，参考《国家机关办公建筑和大型公共建筑能耗监测系统楼宇分项计量设计安装技术导则》及相关地方标准要求，应满足如下要求：

电能计量装置：1）电子式多功能表计量精度有功不低于1.0级，无功不低于2.0级；2）电子式普通电能表计量精度应不低于1.0级；3）互感器精度等级应不低于0.5级。

水计量装置：1）数字式水表计量精度应不低于2.5级；2）数字式冷（热）量表精度等级误差应不大于5%；3）蒸汽流量计精度等级误差应不大于2%。

其他用能计量装置：数字燃气表精度等级应不低于2.0级。

建筑用能系统日常评估应优先采用建筑能源管理系统记录的数据并提高数据分析能力。随着建筑信息化建设的推进，越来越多的建筑建立了建筑能源管理系统，对建筑用能进行了分类、分项的在线监测和计量，获取连续的监测数据，并根据要求进行逐年、逐月等不同时间段的分析。

对于没有建筑能源管理系统的建筑，建筑用能系统日常评估数据宜通过人工记录和现场测试两种方法获取。人工记录数据包括电力、自来水、天然气等能源消耗的定期记录数据、缴费记录数据、设备系统的运行记录等，现场测试数据包括设备系统的运行参数、效率等可通过仪表测试、计算得到的数据。评估建筑总体用能情况，如单位建筑面积能耗时，可使用人工记录数据进行分析评估。评估某个设备系统时，可结合该系统的人工记录数据和现场测试数据进行评估，现场测试应符合《公共建筑节能检测标准》JGJ/T 177等相关标准的要求，分析方法可参考《公共建筑能源审计导则》等相关标准。

（1）用能系统运行记录

用能系统运行记录台账应至少保留近1年的运行记录文件，主要包括：设备运行记录、巡回检查记录、运行状态调整记录、故障与排除记录、事故分析及处理记录、运行值班记录、维护保养记录等。由于建筑用能系统中的空调系统、生活热水系统等，其运行状况随季节变化大，因此只有1年以上的运行记录，才能反映系统全年的运行状况。建筑用能系统运行情况可通过定时、定点巡回检查的方式进行记录，主要用能系统或设备记录的间隔时间应不大于4h，次要用能系统或设备的记录间隔时间宜不大于1天。

（2）用能系统能耗数据

用能系统能耗数据台账宜保留近3年的能源消耗数据账单，主要包括：能耗统计报表、能源消耗总量账单、分类能源消耗账单等。建筑能耗受建筑使用强度、气候因素等影响，每年的建筑能耗可能存在较大的变化，为分析其能耗变化趋势，反映建筑的正常能耗水平，宜至少有近3年的能耗数据。另外，按照《公共建筑能源审计导则》（建办科[2016]65号）的要求，开展一级能源审计至少需要1年完整的能耗数据，开展二级能源审计和三级能源审计均需要3年完整的能耗数据。因此，本标准要求在条件允许时，宜收集3年的能耗数据；受条件限制时，至少应收集1年的能耗数据。

能源消耗数据账单应包括建筑消耗的所有能源种类，并收集逐月数据，以提高数据分析精度，主要包括：逐月能源消耗统计报表，逐月能源消耗量报表，逐月能源消耗费用报表，电力、水、天然气等各类能源的逐月消耗报表。

（3）用能系统的日常评估要求

用能系统的日常评估宜对用能系统的基本运行参数进行测试，为客观反映建筑用能设备、系统的运行状况，建筑物业管理人员可利用常规的便携式仪表或用能系统已配备的仪表进行基本运行参数的测试，从而辅助评估建筑用能系统日常运转情况，测试方法应满足现行行业标准《公共建筑节能检测标准》JGJ/T 177、《采暖通风与空气调节工程检测技术规程》JGJ/T 260等有关测试要求。基本运行参数包括：采暖供回水温度、空调供回水温度、水流量、水压力、热量及冷量、耗电量、耗油量、耗气量、电功率等。

用能系统功能性运转情况日常评估应检查用能系统运行参数是否正常，判断用能系统运行状态是否满足设计和使用功能要求，以及是否存在能源资源浪费的情况。

用能系统能效情况日常评估宜对近3年的总能耗、用能强度变化趋势及影响因素等进行分析，并与国家及地方能耗限额进行对标分析，判断用能系统能源利用效率的合理性。其中，用能强度主要包括单位面积能耗、单位服务量能耗等，可参考《民用建筑能耗标准》GB/T 51161及各地能耗限额对公共建筑用能强度进行对标分析，了解建筑的能效水平。

公共建筑用能系统数据分析应根据建筑用能系统的特征，按下列规定对用能系统的能效、关键运行数据进行分析：

1）暖通空调系统应定期对系统能效、运行参数进行同比和环比分析，并对供冷季、供暖季总能耗进行同比分析，因为暖通空调系统随季节变化大且易受气候因素影响。

2）照明系统应定期对系统总能耗进行环比分析，照明系统能耗的主要影响因素为建筑使用强度，在同等使用强度下，照明系统能耗较为平稳，应分别按月进行环比分析，从而检查是否有不正常用电情况。

3）动力系统应定期对系统总能耗进行环比分析。

4）生活热水系统应定期对系统总能耗、单位服务量能耗进行同比和环比分析，生活热水系统的用能和用水量主要受使用人数和气候的影响，应分别按月、年对总能耗、单位服务量能耗（包括人均能耗、人均水耗等）进行同比和环比分析，通过分析这些指标是否符合使用人数、气候变化规律，评估是否存在浪费现象。

5）供配电系统应定期对变压器电能损耗量进行环比分析，能源管理者应配置变压器的电能计量表；应记录变压器日常运行数据及典型代表日负荷，为变压器经济运行提供数据支持；应健全变压器经济运行文件管理，保存变压器原始资料，变压器大修、改造后的试验数据应存入变压器档案中；定期进行变压器经济运行分析，在保证变压器安全运行和供电质量的基础上提出改进措施；应按月、季、年做好变压器经济运行工作的分析和总结，并编写变压器的节能效果与经济效益的统计与汇总表。

（4）日常评估报告

能源管理者应编制日常评估报告，根据日常评估结论调整用能系统的运行策略，并对数据异常的用能系统进行核查、维护。能源管理者应编制日常评估报告，主要内容包括运行记录核查及分析、用能系统基本运行参数测试结果及分析、能源资源消耗总量及用能强度分析、能耗对标分析、分项用能系统运行状况分析、节能潜力分析、日常评估结论等。公共建筑业主或物业管理机构应充分利用日常评估结果，找到建筑用能系统的节能潜力和空间，从而有针对性的调整建筑用能系统运行策略和做好维保工作，切实有效地提高建筑用能系统运行管理分析水平和能力。

5.1.2　能源审计

根据《公共建筑能源审计导则》的基本要求，作为能源审计工作开展的前提，能源管理者应与能源审计机构明确审计目的、审计依据、审计范围、审计等级、建筑基本信息、用能系统概况等相关内容。其中，在开展能源审计过程中，为保证审计工作所获取的数据真实可靠，应对能源审计机构的仪器仪表的测试性能有所要求。本条参考《公共建筑节能检测标准》JGJ/T 177附录A.0.1中“表A.0.1仪器仪表测量性能要求”，列出了主要的参数测试仪器要求。

主要的参数测试仪器要求　　表 5.1

序号	检测参数	仪表准确度等级（级）	最大允许偏差
1	空气温度	—	≤0.5℃
2	空气相对湿度	—	≤5%（测量值）
3	采暖水温度	—	≤0.5℃
4	空调水温度	—	≤0.2℃
5	水流量	—	≤5%（测量值）
6	水压力	2.0	≤5%（测量值）
7	热量及冷量	3.0	≤5%（测量值）
8	耗电量	1.0	≤1.5%（测量值）
9	耗油量	1.0	≤1.5%（测量值）
10	耗气量	2.0（天然气） 2.5（蒸汽）	≤5%（测量值）
11	风速	—	≤5%（测量值）
12	太阳辐射照度	—	≤10%（测量值）
13	电功率	1.0	≤1.5%（测量值）
14	质量流量控制器	—	≤1%（测量值）

（1）审计机构

能源审计机构应对建筑能源管理现状进行审查，包括：建筑能源管理机构、建筑能源管理方针和目标、建筑用能管理制度、建筑用能设备使用计量及管理情况和建筑节能改造情况等。

能源审计机构应对建筑总能耗（年、月）、建筑分项能耗、建筑能耗指标及达标情况、能源种类构成及占比等建筑能耗情况进行审查，并应达审计等级要求。其中，建筑分项能耗应根据分项计量系统获取或拆分；对于无分项计量系统的公共建筑，宜根据变配电系统原理图及运行记录、设备运行记录、主要设备/主要支路的现场实测能耗、设备铭牌等信息统计得到分析能耗数据。

能源审计机构应掌握建筑室内温湿度、CO_2 浓度、照度等室内环境状况，必要时应进行检测、监测，并分析评价建筑室内环境保障情况，并且能源审计机构使用的检测监测仪器仪表应满足国家及行业相应规范要求，必要时应提供检测仪器仪表检定证书、维修及校验记录。

能源审计机构应掌握建筑用能系统性能及运行状况、围护结构热工性能及使用状况、可再生能源系统性能及使用状况进行分析，必要时应进行相关检测，并分析评价建筑节能情况。

（2）公共建筑用能系统能效性能检测

能源审计机构应结合建筑实际情况，分析建筑节能潜力，提出能效提升建议和改造方案。为掌握公共建筑的用能系统性能和运行状况，对于公共建筑用能系统能效性能检测应包括暖通空调系统性能检测、电气设备性能检测、水系统性能检测和其他用能系统检测。围护结构的检测，应满足《公共建筑节能检测标准》JGJ/T 177 的规定。

1）公共建筑暖通空调系统能效检测应包括冷热源检测分析、输配系统检测分析、空调末端系统检测分析、锅炉性能检测分析，并应符合下列规定：

① 冷热源检测参数应包括制冷（热）机组能效比、制冷（热）系统能效比、热水/冷水/冷却水供回水温度和流量、室外温度和湿度；

② 输配系统检测参数应包括空调冷（热）水系统耗电输冷（热）比、冷水/冷却水输送系数；

③ 空调末端系统检测参数应包括风量、风机输入功率、风机单位风量耗功率、送回风温度、进出水温度和流量、室内温湿度等；

④ 锅炉性能检测参数应包括锅炉效率、热水供回水温度和流量；

⑤ 水泵性能检测参数应包括水泵电功率、水泵流量、水泵进出口压力；

⑥ 检测方法应符合行业现行标准《公共建筑节能检测标准》JGJ/T 177 的规定；

⑦ 检测结果可参照《空气调节系统经济运行》GB/T 17981、《公共建筑节能设计标准》GB 50189、《通风机能效限定值及节能评价值》GB 19761 判断节能潜力并提出相应节能改造建议。

2）公共建筑电气系统性能检测应包括供配电电能质量检测分析、照明系统检测分析，并应符合下列规定：

① 供配电电能质量检测参数应包括三相电压不平衡度、功率因素、谐波电压、谐波电流、电压偏差；

② 照明系统检测参数应包括照度值检测、功率密度检测、灯具效率检测；

③ 检测方法应符合行业现行标准《公共建筑节能检测标准》JGJ/T 177、《照明测量方法》GB/T 5700 等标准的规定；

④ 检测结果应参照国家及地方相关标准进行评价分析节能潜力。

3）水系统性能检测分析应包括给排水系统、生活热水系统检测、再生水检测，并应符合下列规定：

① 给排水系统检测参数应包括建筑水平衡测试、建筑管网漏损检测、入户前供水压力测试；

② 生活热水系统检测参数应包括热水供回水温度、用水点压力；

③ 再生水性能检测的参数应包括化学需氧量、悬浮物、色度、pH、氨氮。

4）其他系统应根据实际情况开展性能检测，并应符合下列规定：

① 太阳能热水系统检测参数应包括集热系统得热量、集热系统效率、系统总能耗、供热水温度，检测结果可参照《可再生能源建筑应用工程评价标准》GB/T 50801 判断节能潜力；

② 太阳能光伏系统检测参数应包括光电转化效率，检测结果可参照《可再生能源建筑应用工程评价标准》GB/T 50801 判断节能潜力；

③ 热泵系统检测参数应包括热泵系统制热性能系数、热泵系统制冷能效比，检测结果可参照《可再生能源建筑应用工程评价标准》GB/T 50801 判断节能潜力；

④ 厨房、机房、供配电室等其他一些特殊用电系统应结合实际情况进行相关检测。

建筑能源审计机构的审计程序、过程、结果应符合国家相关法律法规及标准规范要求。能源管理者应根据建筑能源审计结果采取相应的管理措施或技术措施。

5.2　建筑用能系统节能运行与能效提升

依据标准《建筑能源管理技术规程》，公共建筑建筑用能系统节能运行与能效提升工作包括：用能系统调适和系统能效提升。公共建筑能源系统投入使用前，应完成系统的试运行，其功能应满足各类系统的使用功能要求。

1）各类能源系统及管网应无跑冒滴漏问题，调控装置和设备能够工作正常，确保建筑各类能源使用系统始终处于正常工作状态。电力输配线路及流体输配管网应确保安全及绝热性能达到要求；

2）能源系统涉及流体输配的泵与风机，应保持高效率区间运行。流体输配管网系统应实现水力平衡；

3）各用能末端（包括空调、照明器具、热水饮水设备等）应根据使用要求，具备分时分区控制功能；

4）公共建筑内部无明显的造成能耗不合理增加的节点或部位，如明显的漏风、明显的围护结构缺陷等；

5）公共建筑楼宇智控系统运行正常，各个控制节点：传感器、执行器应确保能被正常检测、开启。

新建公共建筑应满足能耗的分类分项计量，既有公共建筑在确保用能系统基本参数测量的同时，根据用户条件，宜实现能耗的分类分项计量；条件许可时，可实现分户（部门）能耗计量。我国国家层面和多数省（市）级层面均规定新建公共建筑必须安装建筑能耗监管平台。建筑能耗的实际测量数据是建筑能源系统节能运行和系统调适工作的重要基础。实现分户（部门）能耗计量是实现行为节能、管理节能的依据，因此鼓励有条件的建筑业主或使用单位建设并使用分户（按部门）能耗计量的建筑能耗监管平台。

同时，建筑节能工作不能以牺牲环境质量作为代价，相反，应该通过建筑用能系统的节能运行，提升建筑室内环境质量，实现能效和环境的同时提升。其中，对建筑室内空气的温度、湿度等空气热工参数，室内新风量等涉及能耗的关键参数应该首先给予保障。

5.2.1　系统调适

公共建筑用能系统调适工作应由有经验的专业机构完成。调适工作团队应将调适工作的目标、步骤、时间，所涉及的部位、调适过程中对用能系统的影响等关键要素汇总并制定工作方案，与建筑业主或物业管理部门充分沟通交流，达成共识。可以一次性完成全部用能系统的调适工作，也可以根据建筑业主的需求和系统实际情况分阶段完成。在分阶段完成调适工作时，应抓住用能系统的关键，对调适工作相对简单、调适成本低、对系统日常使用影响较小的部位率先开展调适工作，并根据实际工作情况最终完成全系统的调适工作。

系统调适环节还应增加对于楼宇自控系统的验收需求，即楼宇自控系统应能提供对系统调试相关的数据支撑并能够支持根据调适需求进行远程控制。楼宇自控系统应内置多种节能运行模式，根据天气及末端负载变化动态切换运行模式，在保证舒适度的情况下达到节能运行的目的。建筑用能设备和系统应通过调适确保主要用能设备和系统的性能在实际运行工况下达到合理范围。

用能设备调适应包括（不限于）以下项目：

1）冷水机组和热源设备；

2）各种循环水泵（冷水泵、冷却水泵等）；

3）冷却塔；

4）空气处理设备，包括空调箱、新风机组和风机盘管等；

5）主要送排风机；

6）空调水系统和风系统的主要水阀和风阀；

7）变压器；

8）其他大型（超过3kW）的耗电设备、耗热设备和耗冷设备。

用能系统调适应包括（不限于）以下项目：

1）空调冷源系统；

2）空调热源系统；

3）空调冷热水输配系统；

4）空调送回风及新风系统；

5）空调末端与室内环境控制系统；

6）生活热水系统；

7）强电变配电系统；

8）照明和电器设备系统（特别是公共区域照明和电器设备系统）；

9）其他大型耗电、耗热或耗冷的系统；

10）建筑能耗计量与能源管理系统。

（1）冷水机组

调适应保障冷热水机组及系统在合理的能效区间运行。建筑用能系统中的冷热水机组及其相应的系统是建筑用能的主要部位，应是调适工作的重点，冷热水机组调适应考虑：

1）在接近额定工况下，冷热水机组的实测运行功率、电流、电压，是否过载，系统运行是否安全平稳；

2）在接近额定负荷工况下，冷热水机组的实际制冷量、性能系数*COP*是否达到样本的标称值；

3）在接近额定工况下，冷热水机组的蒸发器和冷凝器趋近温差是否合理；

4）校验冷热水机组的温度、冷量、热量、功率等传感器准确性；

5）检查冷热水机组是否存在不正常噪声，是否存在三相不平衡，电机温度是否异常。

（2）水泵

水泵调适应满足系统运行要求，并保证工作在高效区。水泵调适要点：

1）通过测试水泵进出口压力，计算水泵扬程，测试水泵运行流量和功率，确定水泵实际工作点；

2）通过实际工作点与水泵性能曲线、设计工作点对比，判断其是否工作在设备样本性能曲线上，是否工作在高效区；

3）结合管网的阻力特性曲线和水泵的工作特性曲线，考核二者是否匹配；

4）如果上述三个方面出现不合理情况导致流体输送能耗明显过高，应对水泵和管网系统进行总体调整。调整工作包括阀门的开度、电机电力输入频率，甚至更换水泵等。

(3) 冷却塔

冷却塔调适应保障冷水机组及系统在合理的能效区间运行。冷却塔不仅产生一定的能耗，而且还产生一定水耗。冷却塔运行状况直接影响冷水机组的运行效果，因此应给予高度的重视，冷却塔调适要点：

1）通过测试冷却塔风机功率，冷却塔水流量，进、出水温度，以及冷却塔进、出风的温湿度、冷却塔补水量和冷却塔周边环境温湿度，分析评估冷却塔冷却性能；

2）判断冷却塔换热效率是否合理，风水比是否合理，是否存在循环风短路现象及比例。

(4) 空调和新风机组

空调机组和新风机组应满足室内舒适度和房间空气品质的要求，并处于高效合理状态。空调和新风机组调适要点：

1）通过测量空调机组送风量、回风量、新风量，以及空调机组内的分段压降，风机功率和电机转速，判断空调机组的风量是否达到机组合理风量，风机效率是否合理，空调箱内各段压降是否合理，特别是过滤器压降是否合理；

2）通过测量空调机组表冷器或加热器的进、出水温度和流量，以及送风、回风、新风的温湿度，分别计算水侧和风侧的冷量或热量；在校核风侧与水侧冷量或热量平衡的前提下，判断其供冷量或供热量是否达到机组合理供冷量或供热量，表冷器或加热器的传热系数是否达到机组合理性能。

(5) 水系统

水系统应确保在各种冷热量需求情况下空调末端和最不利环路满足供水量需求，各环路之间应实现水力平衡。水系统调适要点：

1）通过空调测试水系统各点压力、绘制水压图，判断水系统是否存在不合理压降；如果存在不合理压降，则应深入该环节查找问题；

2）通过测试水系统干管和各支路流量及供回水温度，以及最不利支路流量及供回水温度，判断流量在干管、支管、水平支管等各处分配是否合理；

3）反算管路阻力系数 S 值，并与设计计算书对比，判断是否有不合理阻力。

(6) 空调风系统和末端

空调风系统和末端的调适，应确保每个末端风量合理并满足平衡要求。空调风系统和末端调适要点如下：

1）通过测试空调机组总风量和各支管、各风口风量，判断空调风系统风量分配是否合理，各支路、风口风量是否与总送风量平衡；

2）通过测试出风口风量、送风温度和对应的室内环境温度，判断空调末端供冷量和供热量是否合理，是否能够满足室内环境控制要求；

3）通过测试室内环境的 CO_2 浓度，判断是否有新风过量供应的情况，以及新风量是否满足要求。

(7) 供暖和生活热水系统热源

供暖和生活热水系统热源调适应保证热源的安全和高效运行。供暖和生活热水系统热源调适要点：

1）检查锅炉管道及阀部件安装情况，检查软水装置运行是否正常及锅炉补水箱内水位是否正常，燃气供应压力是否正常，排烟是否顺畅，确保热源设备可安全运行；

2）通过测量热源的实际供热量，以及输入能源的消耗量，计算热源实际效率，并与设备样本进行对比；

3）测量排烟温度和烟气组分，分析排烟损失和热回收的可能性，分析烟气组分是否达到环保要求。

其他用能系统应根据需求进行适应性调适。若发现明显不合理的状况应进行调节，调节内容应包括不限于建筑的供暖系统、通风系统、空调系统、给水系统、排水系统、热水系统、电气动力系统、照明系统、控制系统、信息系统、监测系统等。调节目的为确保各系统实现不同负荷工况运行和用户实际使用功能的要求。

5.2.2　能效提升

用能系统能效提升工作力求低成本或无成本。通过用能系统调适，发掘节能潜力和能效提升空间。结合当前我国的实际情况，不可能投入大量的资金用于建筑用能系统能效提升。但是，对于导致系统不能正常运行的系统改造的投入，则应该予以充分的保障。调适机构或具体的能效提升工作承担单位应明确进一步工作的内容、效果和投入的资金预算，并向建筑业主或物业管理部门提出倾向性建议。

公共建筑用能系统耗能设备运行过程中，宜优先考虑使用无成本或低成本运行措施，应建立建筑全寿命期档案，制定保养工作计划，保证运行维护管理记录齐全。应建立巡检更新管理制度，根据系统实际运行情况定期对设备系统进行性能检测，制定建筑再调适计划，对建筑各系统进行详细的诊断、调整和完善。

当需要进行系统能效提升改造时，应以能源审计结果为参照，从技术可靠性、可操作性和经济性等方面进行综合分析，选取合理可行的能效提升方案和技术措施。公共建筑的冷热源系统进行节能改造时，首先应充分发掘现有设备的节能潜力，并应在现有设备不满足需求时，再予以更换。

（1）围护结构

在日常节能运行过程中，宜考虑围护结构与用能系统间的联动调节及遮阳装置使用，同时根据需要进行对围护结构热工性能进行检测。在进行用能系统节能运行过程中，需要考虑如何提升围护结构性能，宜优先考虑以下内容：

1）过渡季节或供暖季节局部房间需要供冷时，充分利用建筑外窗的可开启部分进行自然通风降温，宜设置空调系统运行状态下窗体关闭提示或空调系统停运联动装置；

2）宜在南向、东西向外窗和透明幕墙处设置可调节的遮阳装置，并能够方便地调节和维护；

3）定期对围护结构热工性能进行检测，对检测结果不符合国家及地方标准有关规定的进行修缮，维护修缮所选用的材料应符合现行国家标准的有关规定。

（2）暖通空调系统

宜采用系统群控、参数优化、系统平衡调试、设备变频调节等方式满足供暖、通风及空调系统节能运行及能效提升。

在进行用能系统节能运行过程中，暖通空调系统宜优先考虑以下内容：

1）制冷（制热）设备机组运行宜采用群控方式，并应根据系统负荷的变化以及室内温湿度历史数据，定期调整系统的群控策略和运行参数；

2）宜根据系统负荷的变化调配台数，优先运行综合效能调适中效率较高的机组；同时关闭处于停止运行状态的锅炉、供热换热器、冷水机组和对应的供回水管路阀门；

3）冷水、冷却水系统管路上的过滤装置宜加装压差监测装置，监控滤网堵塞状况；

4）冷却塔宜采用多塔并联方式运行，增加有效换热面积，提高冷却效率；

5）制冷系统宜监控冷水机组冷凝器侧污垢热阻，并定期清洗冷凝器或可采用具有实时在线清洗功能的除垢技术；供暖系统宜定期清洗换热器，保持换热面清洁；

6）空气处理设备初次运行和停运较长时间再次运行时，应对空气过滤器、表面冷却器、加热器、加湿器和冷凝水盘等部位进行全面检查和清理；

7）暖通空调系统节能运行宜对水系统和风系统定期进行系统平衡测试调节，保证水量平衡和风量平衡；

8）供暖系统宜根据建筑物类型、围护结构保温状况、热负荷特性、室外气象条件和负荷的变化，对供暖系统的一次水、二次水供、回水温度和循环水流量进行运行调节；

9）制冷系统在满足室内空气控制参数的条件下，宜加大供回水温差。水泵频率不宜低于 30Hz，冷却水的总供回水温差不应小于 5℃，冷水的总供回水温差不应小于 4℃；

10）空调系统自有控制系统应在楼宇智控系统框架下优化，各子系统特别是末端，应由楼宇智控接管主导控制以及管理。

（3）电气与控制系统

宜采用自然采光、感应调节、智能控制等方式满足电气系统节能运行与能效提升，保证供配电系统运行满足国家及地方标准规定。在进行用能系统节能运行过程中，电气与控制系统节能运行宜优先考虑以下内容：

1）有关变压器运行、三相负载平衡和设备谐波应符合《绿色建筑运行维护技术规程》JGJ/T 391 的有关规定；

2）应充分利用自然采光，室内照度和照明时间应根据建筑功能使用需求和自然采光状况进行调节；

3）应优先选择节能照明灯具，在需要精细操作和文案处理的场合，要选择显色性高，无频闪的照明灯具；

4）应定期对照明器具进行质量巡检，对已损坏的照明灯具及时更换，所更换的照明器具应符合《照明设施经济运行》GB/T 29455 的有关规定；

5）采用调光系统时，宜选用无频闪和电磁干扰的灯具和控制系统；

6）公共区域照明宜采用定时、感应控制措施，多功能会议室等大空间宜采用智能照明控制措施；

7）室外景观照明的节能指标和光污染控制指标应符合《城市夜景照明设计规范》JGJ/T 163 的有关规定，应按工作性质、建筑功能特点等需求设置不同的场景模式；

8）数据机房系统应符合《数据中心设计规范》GB 50174 中对于数据机房节能运行的相关规定；

9）电梯系统应实行智能化控制，宜根据使用情况合理设置开启数量和时间，优化运行模式；

10）宜增设能量回收装置，回收电梯下行能量；

11）宜将各类设备的智能化监控系统进行系统集成，自动输出统计汇总报表，以数字化储存的方式记录并保存；

12）对公共建筑已瘫痪的楼宇智控系统进行恢复，用物联式控制器替换传统控制器，降低恢复成本和维护成本，控制运行正常，让各用能系统的节能策略得到高效执行。

（4）可再生能源

有条件情况下，宜优先采用可再生能源为建筑供能，优化能源供应结构。使用可再生能源系统宜优先考虑以下内容：

1）应优化用能系统运行策略，当可再生能源系统同常规系统并联运行时，宜优先使用和启动可再生能源系统；

2）可再生能源系统应独立计量，定期对系统进行能效测评，检测和评价方法应符合现行国家标准《可再生能源建筑应用工程评价标准》GB/T 50801 的有关规定；

3）太阳能集热系统和地源热泵系统运行应符合《绿色建筑运行维护技术规范》JGJ/T 391 的有关规定，同时宜根据当地的落尘量定期清洁太阳能集热系统和光伏组件表面落尘；

4）太阳能系统应优先考虑地下室、公共区域等稳定照明应用，减少逆变和蓄能的损耗。

（5）监测与能源管理平台

宜配置监测与能源管理平台对用能系统进行节能运行监测及控制。监测与能源管理平台的运行与管理需优先考虑以下内容：

1）公共建筑能耗监测系统的功能应符合《公共建筑能耗远程监测系统技术规程》JGJ/T 285 的相关规定；

2）应对重点用能区域和重点用能设备的能耗进行监测和管理，系统和设备检测应符合《公共建筑节能检测标准》JGJ/T 177 的有关规定；

3）应定期对监测与能源管理数据质量进行数据平衡校验及纠错，检查范围包括电表、温感、水表、冷热量等表具，检查内容包括计量点位故障率、计量数据超限率和计量数据不平衡率等。

可使用蓄能系统节省电能消耗费用。根据当地的分时电价政策和建筑物暖通空调负荷的时间分布，经过经济技术比较合理时，可采用蓄能系统供冷或供热。

（6）节能与能效提升

当现有设施设备无法满足用能系统节能运行时，应参照能源审计报告及相关标准文件对问题部位进行节能与能效提升改造。

1）节能与能效提升的具体技术措施可参考《公共建筑节能改造技术规范》JGJ 176 中相关规定，改造方案同时需要参考上年度能源审计报告最终确定；

2）改造方案在论证过程中需对初投资、能效提升幅度、节能收益、回收期、社会效益等参数指标进行计算分析；

3）改造项目实施完成后需按《建筑节能工程施工质量验收规范》GB 50411 中相关规定进行项目验收；

4）改造效果可根据《既有建筑绿色改造评价标准》GB/T 51141 进行判断。

5.3 日常维护和运行管理

5.3.1 一般规定

能源管理项目应周期性对其系统、设备的运维、改造及能源利用效率进行综合性评价、分析，使之满足安全、高效运行的要求。能源利用效率的管理进行了要求，所谓能源利用效率管理，也即是能效管理，主要包括：

1）能效管理是指建筑功能设备在运行过程中消耗一定能源（水、电、煤、气、油等）并输出规定功能的过程管理，并对其过程的效能进行统计、分析、定量、对标、考核，使之满足设计要求或达到同类设备工况的高效区间；

2）能效管理内容：能源消耗计量、流向、统计及各设备系统能效比值核与对标，如建筑综合能效、空调能效、水泵输送系数、锅炉能效等。

能源管理项目应以科技创新和商业模式创新为支撑，充分发挥市场配置资源作用，落实能源、水资源消耗总量和强度双控目标，提高能源及水资源利用效率，促进节能减排、节水减污，推动绿色发展。对具备条件的能源管理项目，应采用合同能源管理或合同节水管理模式进行能源、水资源管理。能源管理应具备能源管理的制度建设、人事规划、员工培训、能耗统计分析、设备设施运维、应急保障及提升用户满意度等工作职能。

能源管理应建立能源消耗台账及设备的安装、验收、使用、维护、维修、改造、更新直至报废的过程形成的图纸、文件、资料等档案，并整理、鉴定统一编号，归档保存。

能源管理应充分利用物联网、大数据、人工智能等技术，对设备设施及能源消耗进行量化管理；应定期对能耗消数据的真实性和准确性进行复核，包括对能耗监测平台所采集的能源数据进行复核，确保能源管理项目能耗数据的真实性和准确性。

能源管理人员宜持证上岗或具备专业资格（职称），熟悉和了解节约能源及环境保护的法律、法规。涉及的专业资格主要指能源管理师，是指从事企业能源管理工作的领导和专业管理人员，由企业负责能源管理的厂级领导和管理部门、生产单元（分厂或车间）负责节能工作和能源管理的技术负责人或专职工程师担（兼）任，是企业科技管理人才的重要组成部分。能源管理师应具有良好的职业素养，具备相应行业的知识，掌握现代企业管理方法，精通企业能源管理工作。

实施改造、优化后的节能项目，建筑室内环境及室外排放指标应满足或优于国家现行环保标准。涉及的室内环境和室外排放指标主要包括：

1）室内环境管理主要内容包括：温度、湿度、照度、空气流动速度及洁净度等；

2）室外环境管理主要内容包括：废渣、废液、废气排放、噪声指标。

5.3.2 制度与管理

能源管理应建立日常抄表、巡检、维护、保养、测试、节能、工作交流、技术分析、工作记录等日常工作制度。能源管理应制定设备操作规程、设备使用管理制度、设备运行岗位责任制度、交接班制度、巡视记录制度、工具使用及管理制度。能源管理应强化能源、水资源消耗的定额管理，并定期对能源、水资源消耗进行公示。能源管理应加强能源消耗的过程管理，对能源、资源进行分类、分项、分户计量，并对其过程的效能进行统计、分析，定量、对标、考核，使之满足设计要求或达到同类设备工况的高效区间。

（1）运维管理

运维管理是指具备持证上岗的设备操作人员，操作设备运行过程中，提供设备正常工作的环境条件、控制其技术状态变化、提高运行效率、延长设备使用寿命的管理过程。

1）运维管理包括：持证上岗，凭证操作；制定设备操作规程；设备使用管理制度；设备运行岗位责任制度；交接班制度；巡视记录制度。

2）运维管理的类别、内容和要求：

① 运维管理的类别分为日常维护保养和定期维护保养；

日常维护保养的主要工作内容：对设备进行清扫、吹尘、擦拭，对各运动部件和润滑点进行润滑，检查各种压力、温度、液体指标信号或传感信号是否正常，安全装置是否正常，设备运行参数是否正常，电气电子控制柜是否正常，附属设备是否正常等，消除不正常的跑、冒、滴、漏现象，清洁整理机房。

定期维护保养的主要工作内容：定期维保是根据设备说明书规定的定期维保要求和运行台时、班制，设备的重要性和可靠度等情况确定维保周期。定期维保主要内容是按照规定拆卸零部件，检查、清洗、更换易损件和故障件；按周期或油质状况换油、清洗或更换滤芯，检查润滑点和润滑装置；检查调整安全保护和防护装置，试验或整定安全保护动作参数；清洗检查冷却装置；吹扫电气电子控的制柜，检查电器元件、各分立电板、传感器和控制线路，更换不可靠件；检查核定参数的运行状态；

② 运维管理的要求：设备全部可目视部位清洁、整齐、完好；设备运转功能完好，操作灵活；所有监控仪表信号、参数均正常；冷却系统良好；润滑系统良好；设备运转声响正常，无故障隐患；设备机房整洁，无乱堆放杂物，温湿度适当；工具、仪表、器具、备件材料摆放整齐。

（2）资产管理

立足设备本身的功能性，建立与之对应的资产使用、维保、故障、能耗、改造等管理制度，使设备寿命周期费用最经济。采用技术、经济、组织、管理等手段使设备在满足功能量输出的条件下，能源消耗成本最低。

涉及建筑设备的资产管理，资产管理的概念和内容如下：

1）设备资产管理的概念：是指建筑内功能设备从安装调试验收后，实施使用维护、维修直至报废处理全过程的资产管理工作；

2）设备资产管理主要内容包括：建立设备资产台账、建立设备资产档案、建立设备资产统计报表、设备报废处理。

（3）节水管理

对水资源应实行分级、分质管理；加强用水器具采购管理，所购用水器具应满足《节水型卫生洁具》GB/T 31436 技术要求；定期进行水量平衡测试，寻找水资源浪费环节，挖掘节水空间，探索节水改造方案，实现高效节水。节水管理参考值参见附录10。

1）计量管理

参照《用水单位水计量器具配备和管理通则》GB 24789，用水量≥1m^3/h 的用水设备应该单独计量，水计量项目包含：冷却水系统的补充水量，软化水除盐水系统的输入水量、输出水量和排水量，锅炉系统的补充水量、排水量和冷凝水回用量，污水处理系统的输入水量、外排水量和回用水量，工艺用水系统的输入水量，其他用水系统的输入水量等。

2）分级管理

根据不同的用水环境和要求，建立压力调控体系、流量监测体系、压力监测体系、网管漏损控制和末端用水量化，有利于发现水量浪费环节、网管维修养护及减少爆管等恶性事件发生和影响范围。

3）分质管理

是指按质供水和按质回用的理念，有针对性地采用系统处理技术和措施，对生活废水、生产废水、雨水、中水等不同水质的水资源进行管理和处理。参照水质用途标准，以因地制宜、因时制宜、因条件制宜为原则，从经济效益、环境效益和社会效益等方面综合考虑，进行有效的控制和净化，实现水资源综合利用和梯级利用，最大限度利用水资源。

4）用水器具管理

建筑所用的洁具（如：坐便器、蹲便器，小便器、陶瓷片密封水嘴、机械式压力冲洗阀、非接触式给水器具、延时自闭水嘴、淋浴用花洒等产品），应满足《节水型卫生洁具》GB/T 31436—2015 技术要求。并定期对所用洁具、器具进行试验，试验结果符合《节水型卫生洁具》GB/T 31436—2015 规定。

5）水平衡测试管理

依照《企业水平衡测试通则》GB/T 12452，定期进行水量平衡测试，与当地对应用水定额及节水先进单位（部门）对比分析，寻找水量浪费环节，探索节水改造方案，集成先进适用节水技术，深入挖掘节水空间，达到更高节水效果。

6）漏损管理

① 管网漏损控制是节水管理最直接有效的途径，规模较大的供水管网系统，宜采用供水分区总分表对比方法量化漏损水量的区域分布，有针对性地开展漏损控制；

② 供水管网的漏水探测和修复工作，遵照《城镇供水网管运行、维护及安全技术规程》CJJ 207、《城镇供水管网抢修技术规程》CJJ/T 226 和《城镇供水管网漏水探测技术规程》CJJ 159、《给排水管道工程施工及验收规范》GB 50268 和《生活饮用水输配水设备及防护材料的安全性评价标准》GB/T 17219 有关规定；

③ 所有漏水点修复过程中应该设置警示标志，大漏点开挖修复过程中必须设置护栏或围板确保施工安全，修复结束应该及时清理现场，按工艺规格恢复地面，保持公共建筑容貌。

5.3.3 考核与奖惩

实施能源管理项目应实行目标考核及制度量化，建立考核指标，量化考核目标，确定考核对象。应建立日常检查考核机制，督促能源管理部门及操作人员提高工作成效和管理质量。

能源管理质量考核主要内容包括：用户体验、设备使用状态、能源资源消耗指标、环境指标及制度执行与创新等。能源管理质量考核，是一种检查、督促能源管理部门、操作人员工作成效和质量的手段，目的在于管好、用好、维护好设备与能源系统，使人、机、能三者成为有机的结合体。同时，能源管理考核也是提高用户体验、创造经济价值的双赢举措。

管理质量考核主要内容包括：用户体验考核，使用状态考核，能耗指标考核，环境指标考核，制度执行与创新考核；

① 用户体验考核指标侧重于：舒适度，满意度；

② 使用状态考核指标侧重于：设备完好状况、故障发生频率、设备效能及寿命；

③ 能耗指标考核侧重于：单位面积能耗、人均能耗、人均水耗及各功能系统的能效比值；

④ 制度执行与创新考核主体侧重于：设备台账是否完整、管理制度是否完备、人员配备是否达标、维保及维修完成是否良好、各类记录报表是否完整（交接班记录、运行记录、维护保养记录、故障修理记录、设备台时记录、能耗记录等）。

根据能源管理情况，应对能源管理者进行奖励或者处罚。能源管理项目各项能耗指标低于同一地区、同一类型建筑的管理部门或人员应给予奖励。能源管理项目存在严重的能源、水资源浪费现象，且未按本规程要求进行整改的部门或人员，应对其进行处罚。

第6章　绿色化改造

6.1　绿色化改造的定义

改革开放以来，我国城乡建筑业发展迅速，既有建筑面积已经超过600亿m^2，由于建造年代和标准不同，绝大部分既有建筑都存在资源消耗水平偏高、环境负面影响偏大、工作生活环境亟待改善、使用功能有待提升等方面的问题。与此同时，我国每年拆除大量的既有建筑，不仅会造成生态环境破坏，也是对能源资源的极大浪费。通过对既有建筑实施绿色改造，不仅可以提升既有建筑的性能，而且对节能减排也有重大意义。

绿色改造是以节约能源资源、改善人居环境、提升使用功能等为目标，对既有建筑进行维护、更新、加固等活动。改造应遵守因地制宜的原则，结合建筑现状，采用适宜的技术，提升既有建筑的综合性能，降低对环境的负面影响。

6.2　绿色化改造的内容

按照《既有建筑绿色改造评价标准》GB/T 51141—2015的要求，绿色化改造包括了规划与建筑、结构与材料、暖通空调、给水排水、电气、施工管理、运营管理几个方面，为了能够清楚地对比绿色化改造的主要对象和技术要求，本节采用以《既有建筑绿色改造评价标准》GB/T 51141—2015为基准，以《既有建筑绿色改造技术规程》T/CECS 465—2017为技术方向，整理形成绿色化改造技术要求与对象表（见表6.1，请扫码浏览）。

绿色化改造的内容应包含评估与策划、规划与建筑、结构与材料、暖通空调、给水排水、电气几个方面。

6.3　绿色化改造的要求

符合国家法律法规和相关标准是参与绿色改造的前提条件。既有建筑绿色改造应综合考虑，统筹兼顾，总体平衡。我国各地域在气候、环境、资源、经济与文化等方面都存在较大差异，既有建筑绿色改造应结合自身特点及区域优势，遵循节能、节地、节水、节材和保护环境的理念，采取因地制宜的改造措施，有效提升既有建筑的能效水平、室内环境、使用功能、安全等综合性能，同时降低温室气体排放、资源能源消耗等对环境负面影响。

《绿色建筑评价标准》GB/T 50378—2019提出绿色建筑应结合地形地貌进行场地设计与建筑布局，且建筑布局应与场地的气候条件和地理环境相适应，并应对场地的风环境、光环境、热环境、声环境等加以组织和利用。绿色建筑评价应遵循因地制宜的原则，结合建筑所在地域的气候、环境、资源、经济和文化等特点，对建筑全寿命期内的安全耐久、健康舒适、生活便利、资源节约、环境宜居等性能进行综合评价。

现行国家标准《既有建筑绿色改造评价标准》GB/T 51141—2015 针对规划与建筑、结构与材料、暖通空调、给水排水、电气几个方面给出了对应的评价标准。

对比观察两者相关内容，可以了解绿色化改造未来的发展。

目前《既有建筑绿色改造评价标准》GB/T 51141—2015 是基于因地制宜的原则，结合建筑类型和使用功能，及其所在地域的气候、环境、资源、经济、文化等特点，对规划与建筑、结构与材料、暖通空调、给水排水、电气、施工管理、运营管理等方面进行综合评价。

而国家最新的《绿色建筑评价标准》GB/T 50738—2019 已经发布，标准针对绿色建筑的要求变化为遵循因地制宜的原则，结合建筑所在地域的气候、环境、资源、经济和文化等特点，对建筑全寿命期内的安全耐久、健康舒适、生活便利、资源节约、环境宜居等性能进行综合评价。

因此，有必要对后续绿色化改造的内容进行一些发展方向的梳理。本书基于《绿色建筑评价标准》GB/T 50738—2019 的要求，与《既有建筑绿色改造评价标准》GB/T 51141—2015 进行对标，并为后续发展提供了可能的方向，见表 6.2（请扫码浏览）。

附　　录

附录1　不同能源折算标准煤系数

各种能源折算标准煤参考系数

能源名称		平均低位发热量	折算标准煤系数
原煤		20908kJ/kg(5000kcal/kg)	0.7143kgce/kg
洗精煤		26344kJ/kg(6300kcal/kg)	0.9000kgce/kg
其他洗煤	洗中煤	8363kJ/kg(2000kcal/kg)	0.2857kgce/kg
	煤泥	8363kJ/kg～12545kJ/kg (2000kcal/kg～3000kcal/kg)	0.2857kgce/kg～0.4286kgce/kg
焦炭		28435kJ/kg(6800kcal/kg)	0.9714kgce/kg
原油		41816kJ/kg(10000kcal/kg)	1.4286kgce/kg
燃料油		41816kJ/kg(10000kcal/kg)	1.4286kgce/kg
汽油		43070kJ/kg(10300kcal/kg)	1.4714kgce/kg
煤油		43070kJ/kg(10300kcal/kg)	1.4714kgce/kg
柴油		42652kJ/kg(10200kcal/kg)	1.4571kgce/kg
煤焦油		33453kJ/kg(8000kcal/kg)	1.1429kgce/kg
渣油		41816kJ/kg(10000kcal/kg)	1.4286kgce/kg
液化石油气		50179kJ/kg(12000kcal/kg)	1.7143kgce/kg
炼厂干气		46055kJ/kg(11000kcal/kg)	1.5714kgce/kg
油田天然气		38931kJ/m^3(9310kcal/m^3)	1.3300kgce/m^3
气田天然气		35544kJ/m^3(8500kcal/m^3)	1.2143kgce/m^3
煤矿瓦斯气		14636kJ/m^3～16726kJ/m^3 (3500kcal/m^3～4000kcal/m^3)	0.5000kgce/m^3～0.5714kgce/m^3
焦炉煤气		16726kJ/m^3～17981kJ/m^3 (4000kcal/m^3～4300kcal/m^3)	0.5714kgce/m^3～0.6143kgce/m^3
高炉煤气		3763kJ/m^3	0.1286kgce/m^3
其他煤气	发生炉煤气	5227kJ/kg(1250kcal/m^3)	0.1786kgce/m^3
	重油催化裂解煤气	19235kJ/kg(4600kcal/m^3)	0.6571kgce/m^3
	重油热裂解煤气	35544kJ/kg(8500kcal/m^3)	1.2143kgce/m^3
	焦炭制气	16308kJ/kg(3900kcal/m^3)	0.5571kgce/m^3
	压力气化煤气	15054kJ/kg(3600kcal/m^3)	0.5143kgce/m^3
	水煤气	10454kJ/kg(2500kcal/m^3)	0.3571kgce/m^3

续表

能源名称	平均低位发热量	折算标准煤系数
粗苯	41816kJ/kg(10000kcal/kg)	1.4286kgce/kg
热力(当量值)	—	0.03412kgce/MJ
电力(当量值)	3600kJ/(kW・h)[860kcal/(kW・h)]	0.1229kgce/(kW・h)
电力(等价值)	按当年火电发电标准煤耗计算	
蒸汽(低压)	3763MJ/t(900Mcal/t)	0.1286kgce/kg

来源：《综合能耗计算通则》GB 2589—2008。

附录2　不同品位能源的能质系数

（1）能质系数为能源的㶲与该能源数量的比值，按式（B.1）计算，能质系数 λ 的数值在 0～1 之间。

$$\lambda = \frac{E_x}{Q} \tag{B.1}$$

式中　λ——该种能源的能质系数，数值在 0～1 之间；

Q——该种能源相应的热量；

E_x——该种能源的㶲。

（2）电力的能质系数 $\lambda=1$。

（3）冷/热媒的能质系数可分为以下 3 类：

1）热水的能质系数，对于供回水温度分别为 T_1 和 T_2 的热水，能质系数见式（B.2）：

$$\lambda = 1 - \frac{T_0}{T_1 - T_2}\ln\frac{T_1}{T_2} \tag{B.2}$$

式中　T_0——环境温度，K；

T_1——热水供水温度，K；

T_2——热水回水温度，K。

2）冷水的能质系数，对于供、回水温度分别为 T_1 和 T_2 的冷水，能质系数见式（B.3）：

$$\lambda = \frac{T_0}{T_1 - T_2}\ln\frac{T_1}{T_2} - 1 \tag{B.3}$$

式中　T_0——环境温度，K；

T_1——冷水供水温度，K；

T_2——冷水回水温度，K。

当冷水温度低于环境温度时（例如数据中心冬季仍采用冷水进行降温），则采用式（B.2）计算冷水的能质系数。

3）蒸汽的能质系数，对于蒸汽，一般做功过程为先等温地放出潜热做功，再降温至凝水温度返回热源，按式（B.4）计算蒸汽的能质系数：

$$\lambda = \frac{r}{h_1 - h_2}\cdot\left(1 - \frac{T_0}{T_1}\right) + \left(1 - \frac{r}{h_1 - h_2}\right)\cdot\left(1 - \frac{T_0}{T_1 - T_2}\ln\frac{T_1}{T_2}\right) \tag{B.4}$$

式中　T_0——环境温度，K；

T_1——供给蒸汽压力相应的饱和温度，K；

T_2——返回热源的凝水温度，K；

r——蒸汽的汽化潜热，kJ/kg；

h_1——供给蒸汽的焓值，kJ/kg；

h_2——返回热源的凝水的焓值，kJ/kg。

注：根据《民用建筑能耗分类及表示方法》GB/T 34913—2017冷热媒能质系数中环境温度的取值，环境温度T_0应取冷热媒使用时间段内环境温度的平均值。若在供暖季使用，T_0取为273.15K(0℃)；若在供冷季使用，T_0为303.15K(30℃)。

附录3　能耗分摊与折算应用案例

当区域供热/供冷系统为多个建筑的供暖、供冷和生活热水系统提供热/冷媒等能量时，宜根据输出能量情况，采用㶲值分摊法核算和分配各建筑对应的用能。同样，若建筑内能量转换设备产生的能量（如热电冷联产机组、制冷机组、热泵机组、电热设备、锅炉、自备发电设备和与建筑主体结合的主动式可再生能源系统等输出的热量、冷量和电力），为多个用能系统提供能量或向建筑外输出能量，宜根据输出能量情况，采用㶲值分摊法分配各用能系统和输出建筑外部分对应的输入能量。

以热电联产中产出电力和热量对应的能源消耗为例，说明㶲值的计算分析方法的应用。热电联产燃煤电厂每消耗热值为4.69kgce(即38.13kW·h)的燃煤，可发电10kW·h，同时输出压力为0.3MPa的蒸汽20kW·h，热损失为90°C烟气余热10kW·h，如附图3.1所示。

附图3.1　热电联产燃煤电厂的投入与产出示意图

1）外界热电厂发电10kW·h与制备0.3MPa蒸汽20kW·h消耗燃煤4.0kgce；

2）电力的能质系数为1，按环境温度为0℃计算，0.3MPa的蒸汽能质系数为0.299，如果所用的冷/热量状态在表中没有，可根据附录2的方法计算；

3）计算输出能源电力与蒸汽对应的消耗的燃煤比例：

$$x_i = \frac{Q_i \lambda_i}{\sum_{i=0}^{n} Q_i \lambda_i} \times 100\%$$

$$x_1 = \frac{10 \times 1}{10 \times 1 + 20 \times 0.299} \times 100\% = 62.6\%$$

$$x_2 = \frac{20 \times 0.299}{10 \times 1 + 20 \times 0.299} \times 100\% = 37.4\%$$

式中　Q_i——第 i 个输出能源对应能源量；

λ_i——第 i 个输出能源的能质系数（按附录 2 计算，数值在 0～1 之间）；

x_i——第 i 个输出能源分摊输入能源的比例（数值在 0～1 之间）；

x_1——电能分摊输入燃煤的比例；

x_2——蒸汽分摊输入燃煤的比例。

4）计算输出能源电力与蒸汽对应的消耗的燃煤。

输出电力的耗煤量$=x_1\times$输入燃煤$=62.6\%\times4.69$kgce$=2.94$kgce

输出蒸汽的耗煤量$=x_2\times$输入燃煤$=37.4\%\times4.69$kgce$=1.75$kgce

$$\lambda=1-\frac{T_0}{T_1-T_0}\ln\frac{T_1}{T_0}$$

烟气余热的能质系数 λ：

$$\lambda=1-\frac{273.15}{363.15-273.15}\ln\frac{363.15}{273.15}=0.136$$

式中　T_0——环境温度，K；

T_1——工作温度，即能源对外做功时的温度，K。

计算该热电厂燃煤输出能量中发电量的占比为：

$$\eta_e=\frac{1\times10}{1\times10+20\times0.299+0.136\times10}=57.7\%$$

该热电厂燃煤输出能量中供用户使用的二次能源占比为：

$$\eta_s=\frac{1\times10+0.299\times20}{1\times10+20\times0.299+0.136\times10}=92.2\%$$

附录 4　建筑能耗统计与评估应用案例

大连市一栋采用集中供暖的 B 类商业办公建筑（办公面积 4812m^2，车库 600m^2），其集中供热站使用 4.5 万 m^3 天然气和 0.5 万 kW·h 电力。2018 年为其供暖系统提供了 1600GJ 热量（95～70℃），建筑内热水循环泵使用了 0.5 万 kW·h 电力，建筑空间获得的热量为 1500GJ（75～50℃），该建筑设计供暖负荷为 1350GJ；供冷空调系统使用了 20 万 kW·h 电力为建筑空间提供了 2100GJ 冷量；生活热水（出水温度按 60～40℃）系统使用 0.5 万 m^3 天然气和 0.5 万 kW·h 电力，通过锅炉提供 180GJ 热量，太阳能热水器提供了 360GJ 热量，其水泵消耗电力 0.8 万 kW·h；此外，还有各种风机（包括车库）、照明设备、办公设备、电梯、信息机房设备和建筑服务设备共使用了 41 万 kW·h 电力。建筑能耗情况如附表 4.1 所示。

建筑能耗情况　　**附表 4.1**

建筑能耗	设备用能		备注
供暖用能	集中供热站	锅炉：1.5 万 m^3 天然气 建筑外热水泵：0.5 万 kW·h 电	为建筑供暖系统提供 1600GJ 热量
	建筑供暖系统	由集中供热站提供 1600GJ 热量 建筑内热水泵：0.5 万 kW·h 电	为建筑空间提供 1500GJ 热量 需热量 1350GJ

续表

建筑能耗	设备用能		备注
供冷用能	建筑供冷系统	制冷机：15 万 kW·h 电 冷水泵：2.5 万 kW·h 电 冷却水泵：1.5 万 kW·h 电 冷却塔：1 万 kW·h 电	为建筑空间提供 2100GJ 冷量
生活热水用能	生活热水系统	锅炉：0.5 万 m^3 天然气 热水泵：0.5 万 kW·h 电	为建筑生活热水提供 180GJ 热量
	太阳能热水器	水泵：0.8 万 kW·h 电	为建筑生活热水提供 360GJ 热量
风机用能	空调箱风机：5 万 kW·h 电 厕所排风机：0.5 万 kW·h 电 车库通风机：0.5 万 kW·h 电		—
照明用能	照明设备：15 万 kW·h 电		—
办公设备用能	办公设备：8 万 kW·h 电		—
电梯用能	电梯：2 万 kW·h 电		—
信息机房设备用能	信息设备：5 万 kW·h 电 空调器：3 万 kW·h 电		—
建筑服务设备用能	给排水泵、自动门、防火设备等：2 万 kW·h 电		—

（1）按建筑能源服务用途分类的示意图（附图 4.1）

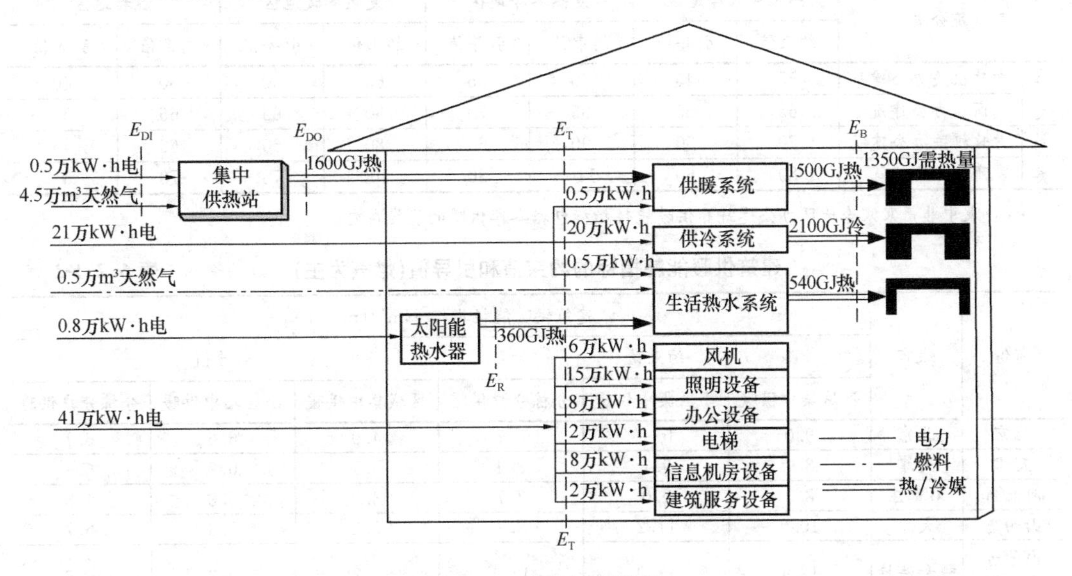

附图 4.1　建筑用能分类

供暖、供冷和生活用水用能相关原始数据见附表 4.2。

供暖、供冷和生活热水用能（原始数据）　　**附表 4.2**

建筑能耗	建筑实际获得的热/冷量(E_B)	建筑供热/供冷系统用能(E_T)	区域供热/供冷系统提供的热/冷量(E_{DO})	区域供热/供冷系统使用的能量(E_{DI})
供暖用能	$E_{B,h}$：1500GJ 热量 供暖负荷 1350GJ	$E_{T,h}$：1600GJ 热量 0.5 万 kW·h 电	$E_{DO,h}$：1600GJ 热量	$E_{DI,h}$：4.5 万 m^3 天然气 0.5 万 kW·h 电

续表

建筑能耗	建筑实际获得的热/冷量(E_B)	建筑供热/供冷系统用能(E_T)	区域供热/供冷系统提供的热/冷量(E_{DO})	区域供热/供冷系统使用的能量(E_{DI})
供冷用能	$E_{B,c}$：2100GJ 冷量	$E_{T,c}$：20 万 kW·h电	—	—
生活热水用能[a]	$E_{B,hw}$：540GJ 热量	$E_{T,hw}$：0.5 万 m^3 天然气 0.5 万 kW·h 电	—	—
[a] 太阳能热水器为建筑生活热水提供了 360GJ 热量(E_R)。0.8 万 kW·h 电				

（2）计算 2018 年该办公建筑的建筑能耗

63.3 万 kW·h 电＋(4.5＋0.5) 天然气 /0.2 ＝ 88.3 ×10^4kW·h 电 /a ＝ 441.5 × 10^4 $Nm^3/(m^2 \cdot a)$

（3）根据《民用建筑能耗标准》表 5.2.1 和表 6.2.1-2，考核评估该建筑供暖系统（包括对热源效率、过量供热率、供热管网损失率、耗热量）的用能状况，计算大连市 B 类商业的非供暖能耗指标、供暖能耗指标及该类公共建筑的能耗指标值（附表 4.3），并对该建筑的能耗水平进行评估。

办公建筑非供暖能耗指标的约束值和引导值［kW·h/（m^2·a)］　　**表 5.2.1**

建筑分类		严寒和寒冷地区		夏热冬冷地区		夏热冬暖地区		温和地区	
		约束值	引导值	约束值	引导值	约束值	引导值	约束值	引导值
A类	党政机关办公建筑	55	45	70	55	65	50	50	40
	商业办公建筑	65	55	85	70	80	65	65	50
B类	党政机关办公建筑	70	50	90	65	80	60	60	45
	商业办公建筑	80	60	110	80	100	75	70	55

注：表中非严寒寒冷地区办公建筑非供暖能耗指标包括冬季供暖的能耗在内。

建筑供暖能耗指标的约束值和引导值(燃气为主)　　**表 6.2.1-2**

省份	城市	建筑供暖能耗指标[$Nm^3/(m^2 \cdot a)$]					
		约束值			引导值		
		区域集中供暖	小区集中供暖	分栋分户供暖	区域集中供暖	小区集中供暖	分栋分户供暖
北京	北京	9.0	10.1	8.7	4.9	6.6	6.1
天津	天津	8.7	9.7	8.4	5.1	6.9	6.4
河北省	石家庄	8.0	9.0	7.7	3.9	5.3	4.8
山西省	太原	10.0	11.2	9.7	5.3	7.3	6.7
内蒙古自治区	呼和浩特	12.4	13.9	12.1	6.8	9.3	8.6
辽宁省	沈阳	11.4	12.7	11.1	6.8	9.3	8.6
吉林省	长春	12.7	14.2	12.4	8.5	11.7	10.9

计算公式　　**附表 4.3**

序号	指标类别		代号	关系式
1	非供暖能耗指标	约束值	a1	—
		引导值	a2	—
		计算值	E_a	$E_a=(x_1+y_1)/S_A$

续表

序号	指标类别			代号	关系式
2	供暖能耗指标		约束值	b1	—
			引导值	b2	—
			计算值	E_b	$E_b=(x_2+y_2)/S_A$
3	商业办公建筑能耗指标(不包括车库，信息机房)		约束值	A1	A1＝a1＋b1
			引导值	A2	A2＝a2＋b2
			计算值	E_A	详见下文"2)④"
4	车库能耗指标		约束值	c1	—
			引导值	c2	—
			计算值	E_c	E_c＝车库总电耗/车库面积S_c (注：S_c为车库的面积)
5	该类公共建筑包含车库的能耗指标(不包括信息机房)		约束值	B1	$B1=(A1\times S_A+c1\times S_c)/(S_A+S_c)$ [注：S_A为商业办公建筑(不包括车库，信息机房)的面积；S_c为车库的面积]
			引导值	B2	$B2=(A2\times S_A+c2\times S_c)/(S_A+S_c)$ [注：S_A为商业办公建筑(不包括车库，信息机房)的面积；S_c为车库的面积]
			计算值	E_B	详见下文"2)⑤"
6	其他	热源效率指标	约束值	d1	—
			引导值	d2	—
			计算值	E_D	—
		供热管网损失率指标	约束值	e1	—
			引导值	e2	—
			计算值	E_E	—
		过量供热率指标	约束值	f1	—
			引导值	f2	—
			计算值	E_F	—
		耗热量指标	约束值	g1	—
			引导值	g2	—
			计算值	E_G	—

计算步骤：

1）参考标准值

① 大连市B类商业办公的非供暖能耗指标：

大连市B类商业办公的非供暖能耗指标约束值a1＝80kW·h(m^2·a)及引导值a2＝60kW·h/(m^2·a)(根据《民用建筑能耗标准》GB/T 51161—2016中表5.2.1)。

② 供暖能耗指标：

约束值b1＝12.7Nm^3/(m^2·a) 引导值：b2＝9.3Nm^3/(m^2·a)

将天然气转化为电力的供暖能耗指标约束值 b1=12.7÷0.2=63.5kW·h(m^2·a)

将天然气转化为电力的供暖能耗指标约束值 b1=9.3÷0.2=46.5kW·h(m^2·a)

(根据《民用建筑能耗分类及表示方法》GB/T 34913—2017 第 5 节 建筑能耗中电力和化石能源统一折算，标准天然气为 1kW·h 电=0.2m^3。)

③ 车库能耗指标：

约束值 c1=12kW·h/(m^2·a)，引导值：c2=8kW·h/(m^2·a)

④ 大连市 B 类商业办公建筑能耗指标值（不包括车库，信息机房）：

约束值 A1=a1+b1=80kW·h/(m^2·a)+63.5kW·h/(m^2·a)=143.5kW·h/(m^2·a)

引导值 A2=a2+b2=60kW·h/(m^2·a)+46.5kW·h/(m^2·a)=106.5kW·h/(m^2·a)

⑤ 该类公共建筑包含车库的能耗指标值（不包括信息机房）：

约束值 B1=(A1×S_{A1}+c1×S_{c1})/(S_{A1}+S_{c1})=(143.5×4812+12×600)/(4812+600)=(690522+7200)/412=128.9kW·h/(m^2·a)

引导值 B2=(A2×S_A+c2×S_c)/(S_A+S_c)=(106.5×4812+8×600)/(4812+600)=(512487+4800)/5412=95.6kW·h/(m^2·a)

⑥ 其他能耗指标值：

热源效率指标：约束值 d1=32Nm^3/GJ，引导值 d2=29Nm^3/GJ

供热管网损失率指标：约束值 e1=2%，引导值 e2=1%

过量供热率指标：约束值 f1=15%，引导值 f2：无

耗热量指标：约束值 g1=0.33GJ/(m^2·a) 引导值 g2=0.27GJ/(m^2·a)

2）代入数据

① 大连市 B 类商业办公的非供暖能耗指标：

非供暖总电耗 x_1(不包括车库与信息机房)=建筑输入非供暖总电耗−室内供暖系统总耗电量−信息机房房总耗电量−车库总耗电量=[(21+0.8+41)−0.5−8−0.5]×10^4=53.8×10^{4}kW·h/(m^2·a)

非供暖总气耗 y_1(不包括车库与信息机房)=0.5×10^{4}Nm^3/(m^2·a)

将天然气转化为电力的供暖总气耗 y_1=0.5×10^4÷0.2=2.5×10^{4}kW·h/a

大连市 B 类商业办公的非供暖能耗值 E_a=(x_1+y_1)/S_A=(53.8×10^4+2.5×10^4)/4812=117kW·h/(m^2·a)

② 供暖能耗指标：

供暖总电耗 x_2(不包括车库与信息机房)=建筑输入供暖总电耗+室内供暖系统电耗=0.5×10^4+0.5×10^{4}kW·h/a=1×10^{4}kW·h/a

供暖总气耗 y_2(不包括车库与信息机房)=建筑输入供暖总气耗=4.5×10^{4}Nm^3/a

将天然气转化为电力的供暖总气耗 y_2=4.5×10^4÷0.2=22.5×10^{4}kW·h/a

供暖耗指标值 E_b=(x_2+y_2)/S_A=(1+22.5)×10^4/4812=48.8kW·h/(m^2·a)

③ 车库能耗指标：

车库能耗指标值 E_c=车库总电耗/车库面积 S_c=(0.5×10^4)/600=8.33kW·h/(m^2·a)(车库总电耗可由题干查得)

④ 大连市 B 类商业办公建筑能耗指标值（不包括车库，信息机房）：

E_A=E_a+E_b=117+48.8=165.8kW·h/(m^2·a)

⑤ 该类公共建筑包含车库的能耗指标值（不包括信息机房）：

$E_B=(E_A \times S_A+E_c \times S_C)/(S_A+S_C)=(165.8 \times 4812+8.33 \times 600)/(4812+600)=148.3kW \cdot h/(m^2 \cdot a)$

⑥ 其他能耗指标值

热源效率值 $E_D=(0.5 \times 0.2+4.5) \times 10^4 Nm^3=4.6 \times 10^4 Nm^3$

$/1600GJ=8.5Nm^3/GJ$(式中数据皆由题干查得)

供热管网损失率 E_E：0%(式中数据皆由题干查得)

过量供热率 E_F：(1500－1350)/1500＝10%(式中数据皆由题干查得)

单位面积耗热量 E_G：$(1500GJ/a)/4812m^2=0.32GJ/(m^2 \cdot a)$(式中数据皆由题干查得)

3）计算结果及评价分析（附表4.4）

计算结果与评价　　　　**附表4.4**

	非供暖能耗指标 E_a	供暖能耗指标 E_b	建筑能耗指标 E_A（不包括车库和信息机房）	建筑能耗指标 E_B（不包括信息机房）	车库指标 E_c
约束值	$80kW \cdot h/(m^2 \cdot a)$	$63.5kW \cdot h/(m^2 \cdot a)$	$143.5kW \cdot h/(m^2 \cdot a)$	$128.9kW \cdot h/(m^2 \cdot a)$	$12kW \cdot h/(m^2 \cdot a)$
引导值	$60kW \cdot h/(m^2 \cdot a)$	$46.5kW \cdot h/(m^2 \cdot a)$	$106.5kW \cdot h/(m^2 \cdot a)$	$95.6kW \cdot h/(m^2 \cdot a)$	$8kW \cdot h/(m^2 \cdot a)$
计算值E	$117kW \cdot h/(m^2 \cdot a)$	$48.8kW \cdot h/(m^2 \cdot a)$	$165.8kW \cdot h/(m^2 \cdot a)$	$148.3kW \cdot h/(m^2 \cdot a)$	$8.33kW \cdot h/(m^2 \cdot a)$
评价	引导值＜约束值＜E_a	引导值＜E_b＜约束值	引导值＜约束值＜E_A	引导值＜约束值＜E_B	引导值＜E_c＜约束值
	热源效率值 E_D	供热管网损失率 E_E	过量供热率 E_F	单位面积耗热量 E_G	—
约束值	$32Nm^3/GJ$	2%	15%	$0.33GJ/(m^2 \cdot a)$	—
引导值	$29Nm^3/GJ$	1%	—	$0.27GJ/(m^2 \cdot a)$	—
计算值E	$28.75Nm^3/GJ$	0%	10%	$0.32GJ/(m^2 \cdot a)$	—
评价	E_D＜约束值＜引导值	E_E＜约束值＜引导值	引导值＜E_F＜约束值	引导值＜E_G＜约束值	—

附录5　民用建筑能耗统计调查表式

5.1　报表目录

表号	表名	报告期别	统计范围	报送单位	报送日期及方式
城镇节能基1表	城镇民用建筑基本信息	年报	全国城镇范围内所有国家机关办公建筑、大型公共建筑；106个城市范围内重点调查的居住建筑和中小型公共建筑	各省、自治区、直辖市建设行政主管部门，北京市城市管理委以及新疆生产建设兵团建设局	次年5月31日前网络报送

续表

表号	表名	报告期别	统计范围	报送单位	报送日期及方式
城镇节能基2表	城镇民用建筑能源资源消耗信息	年报	全国城镇范围内所有国家机关办公建筑、大型公共建筑；106个城市范围内重点调查的居住建筑和中小型公共建筑	同上	同上
城镇节能基3表	北方采暖地区城镇民用建筑集中供热信息	年报	北方采暖地区城镇范围内为民用建筑提供集中供热的热电厂，以及供热能力在7兆瓦及以上的锅炉房；106个城市范围内为民用建筑提供集中供热，且供热能力在7兆瓦以下的锅炉房	北京、天津、河北、山西、内蒙古、辽宁、吉林、黑龙江、山东、河南、陕西、甘肃、青海、宁夏、新疆建设行政主管部门，北京市城市管理委以及新疆生产建设兵团建设局	同上
城镇节能基4表	城镇新建绿色建筑信息	季报	全国城镇范围内已竣工的达到《绿色建筑评价标准》要求的新建建筑	各省、自治区、直辖市建设行政主管部门，新疆生产建设兵团建设局	同上
乡村节能基1表	乡村居住建筑能源资源消耗信息	年报	106个城市范围内抽样确定的城镇以外的区域内的居住建筑	各省、自治区、直辖市住房和城乡建设行政主管部门，新疆生产建设兵团建设局	同上

5.2　调查表式（请扫码浏览附表5.1～附表5.13）

5.3　主要指标解释

（1）民用建筑基本信息统计指标：为民用建筑的类型、功能、层数、建筑面积等建筑的基本情况。

（2）民用建筑能源资源消耗信息统计指标：为民用建筑在使用过程中全年的电力、煤碳、天然气等各类能源的消耗量，以及太阳能光热利用系统、太阳能光电利用系统等可再生能源在建筑中规模化应用情况，以及用水消耗量。其中建筑能源消耗是指在建筑使用过程中，为满足民用建筑内人员活动的能源消耗，包括维持建筑环境（如采暖、通风、空调和照明灯）和各类建筑内活动（如办公、炊事等）的能源消耗。

（3）北方采暖地区城镇民用建筑集中供热信息统计指标：为城镇民用建筑供集中供热的锅炉房、热电厂的供热总面积和按热计量收费的面积，以及全年燃料消耗量、供热量等。

（4）公共建筑：是指供人们进行各种公共活动的建筑，包括办公建筑、商业建筑、旅游建筑、科教文卫建筑、通信建筑，以及交通客运用房、展览中心等。

其中国家机关办公建筑是指由政府财政资金建设、国家机关事务管理机构管理的办公建筑。本制度只对建筑面积在 3000m^2 以上（含 3000m^2）的国家机关办公建筑进行统计调查。

大型公共建筑是指单体建筑面积大于 2 万 m^2 的公共建筑，中小型公共建筑是指单体建筑面积小于（含 2 万 m^2）的公共建筑；本制度将大型和中小型公共建筑分为写字楼建筑、商场建筑、宾馆饭店建筑、医疗卫生建筑、文化教育建筑和其他建筑六类进行统计调查。

（5）居住建筑：是指供人们居住使用的建筑。包括住宅、集体宿舍、公寓等。

本制度将居住建筑分为低层、多层、中高层和高层 3 类进行统计调查。低层是指 1 层至 3 层的居住建筑；多层是指 4 层至 6 层的居住建筑；中高层和高层是指 7 层及以上的居住建筑。

商住两用混合建筑（民用建筑的下部为商场或办公区域，上部为居住区域的建筑），应将该类建筑的居住区域、办公或商场区域分别视为居住建筑和公共建筑拆分成两栋建筑，分别对两栋建筑的有关信息进行统计。

（6）样本建筑：是指从 106 个城市范围内各县（市、区）中重点抽取的居住建筑和中小型公共建筑，按照本制度统计调查实施方案规定的原则随机抽取的，作为建筑基本信息和能源资源消耗统计调查对象的单体建筑。

（7）建筑代码：每栋建筑的唯一编码，用 18 位阿拉伯数字表示，由“民用建筑能源资源消耗统计数据报送系统”根据建筑的基本信息情况进行处理自动生成，每栋建筑的建筑代码在本制度各统计报表中应保持一致。建筑代码的构成：

1）代码第 1～12 位为该建筑所在县（市、区）的行政区位代码。

2）代码第 13～14 位用于区分建筑类型：

其中代码第 13 位的确定：居住建筑为 1，中小型公共建筑为 2，大型公共建筑为 3，4 为国家机关办公建筑；

代码第 14 位的确定：居住建筑应在数字 1～3 中选取（1 为低层建筑；2 为多层建筑；3 为中高层和高层建筑）；中小型公共建筑和大型公共建筑在数字 1～6 中选取（1 为写字楼建筑；2 为商场建筑；3 为宾馆饭店建筑；4 为医疗卫生建筑；5 为文化教育建筑；6 为其他建筑）；国家机关办公建筑应在数字 1～2 中选取（1 为大型建筑；2 为中小型建筑）。

3）15～18 位为各类建筑的流水号。

（8）建筑详细名称：应填写建筑的档案名或现用名。

（9）建筑详细地址：民用建筑的通信地址，居住建筑的填写应包含居住建筑的所在的居住小区的名称和具体的楼栋号。

（10）竣工时间：按照工程竣工验收的有关规定要求，民用建筑完成竣工验收的时间。

（11）建筑类型：应填写数字代码 1 或 2 或 3 或 4，1 表示居住建筑，2 中小型表示公共建筑，3 表示大型公共建筑，4 表示国家机关办公建筑。

（12）建筑功能：居住建筑和国家机关办公建筑可不填写；中小型公共建筑和大型公共建筑应填写 1～6 的数字代码，1 表示写字楼建筑，2 表示商场建筑，3 表示宾馆饭店建筑，4 表示医疗卫生建筑，5 表示文化教育建筑，6 表示其他建筑；

（13）建筑层数：是指建筑的自然层数，一般按室内地坪±0 以上计算；采光窗在室外地坪以上的半地下室，其室内层高在 2.20m 以上（不含 2.20m）的，计算自然层数。

（14）建筑面积：按照有法律效力的数据为准，如房产证、竣工验收备案文件等。

（15）集中供热（冷）：是指集中热（冷）源，通过供热（冷）输配管道，为建筑提供集中供热（冷）的方式。

（16）能源资源消耗统计建筑：是指实施能源资源消耗统计调查的民用建筑，具体包括全国城镇范围内的国家机关办公建筑和大型公共建筑，以及 106 个城市各县（市、区）中重点调查确定的居住建筑和中小型公共建筑。

（17）既有建筑节能改造：是指对不符合民用建筑节能强制性标准的既有建筑的围护结构、供热系统、采暖制冷系统、照明设备和热水供应设施等实施节能改造，并达到现行建筑节能标准的活动。

（18）太阳能光热利用系统：是指通过热吸收将太阳辐射能转换成热能以加热水的装置系统，其中集热器是指用于吸收太阳辐射并将产生的热能传递到传热工质的装置。

（19）太阳能光电利用系统：是指通过光电效应或者光化学效应把太阳辐射能转化为电能的装置系统。在标准条件下所输出的最大功率为峰值功率，其计量单位为 Wp（峰瓦）。

（20）浅层地热能利用系统：是指以土壤、地下水、地表水（河水、湖水、海水、污水等）等作为热源、冷源，通过高效热泵机组向建筑物供热或供冷的装置，包括土壤源热泵、地下水源热泵、淡水源热泵、海水源热泵，以及污水源热泵等。

（21）总能耗：是指民用建筑在一年内实际消耗的各种能源实物量，按规定的计算方法和单位，分别折算为一次能源后的总和，计量单位为标准煤。

（22）集中供热普及率：指集中供热在城市居民中的使用率，为区域集中供热面积与该区域总建筑面积的比值。

（23）绿色建筑：指在全寿命期内，最大限度地节约资源（节能、节地、节水、节材）、保护环境、减少污染，为人们提供健康、适用和高效的使用空间，与自然和谐共生的建筑，并能达到住房城乡建设部于 2014 年发布的《绿色建筑评价标准》GB/T 50378—2014 要求的建筑。

（24）乡村居住人数：指在所统计的乡村居住建筑中统计年度年末实际居住在建筑内的人数数量。

（25）乡村居住建筑：供乡村家庭居住使用的建筑。

附录 6　公共机构能耗统计调查表式

报表目录

表号	表名	报告期别	统计范围	报送单位	报送日期及方式	码
国管节能基 1 表	公共机构基本信息	年报	中央国家机关各部门、各单位，全国人大机关、全国政协机关、各民主党派中央机关	中央国家机关各部门、各单位，全国人大机关、全国政协机关、各民主党派中央机关	每年 1 月 20 日前通过纸质邮寄、传真或网络报送	

续表

表号	表名	报告期别	统计范围	报送单位	报送日期及方式	码
国管节能基2表	公共构能源资源消费状况	月报	同上	同上	次月20日前通过纸质邮寄、传真或网络报送	0
国管节能基3表	公共机构数据中心机房能源消费状况	月报	使用数据中心机房的中央国家机关各部门、各单位，全国人大机关、全国政协机关、各民主党派中央机关	使用数据中心机房的中央国机关各部门、各单位，全国人大机关、全国政协机关、各民主党派中央机关	同上	2
国管节能基4表	公共机构采暖能源资源消费状况	年报	实施采暖的中央国家机关各部门、各单位，全国人大机关、全国政协机关、各民主党派中央机关	实施采暖的中央国家机关各部门、各单位，全国人大机关、全国政协机关、各民主党派中央机关	次年1月20日前通过纸质邮寄、传真或网络报送	3
国管节能综1表	公共机构能源资源消费统计分级汇总情况	年报	中央国家机关各部门、各单位，全国人大机关、全国政协机关、各民主党派中央机关及所属公共机构	中央国家机关各部门、各单位，全国人大机关、全国政协机关、各民主党派中央机关	次年4月15日前通过纸质邮寄、传真和网络报送	4
			辖区内公共机构	各省、自治区、直辖市、计划单列市、新疆生产建设兵团负责公共机构节能管理工作的机构		
国管节能综2表	公共机构能源资源消费统计分类汇总情况	年报	中央国家机关各部门、各单位，全国人大机关、全国政协机关、各民主党派中央机关及所属公共机构	中央国家机关各部门、各单位，全国人大机关、全国政协机关、各民主党派中央机关	次年4月15日前通过纸质邮寄、传真和网络报送	6
			辖区内公共机构	各省、自治区、直辖市、计划单列市、新疆生产建设兵团负责公共机构节能管理工作的机构		

续表

表号	表名	报告期别	统计范围	报送单位	报送日期及方式	码
国管节能综3表	公共机构数据中心机房能源消费统计汇总情况	年报	中央国家机关各部门、各单位，全国人大机关、全国政协机关、各民主党派中央机关及所属公共机构	中央国家机关各部门、各单位，全国人大机关、全国政协机关、各民主党派中央机关	次年4月15日前通过纸质邮寄、传真和网络报送	8
			辖区内公共机构	各省、自治区、直辖市、计划单列市、新疆生产建设兵团负责公共机构节能管理工作的机构		
国管节能综4表	公共机构采暖能源资源消费统计汇总情况	年报	中央国家机关各部门、各单位，全国人大机关、全国政协机关、各民主党派中央机关及所属公共机构	中央国家机关各部门、各单位，全国人大机关、全国政协机关、各民主党派中央机关	次年4月15日前通过纸质邮寄、传真和网络报送	9
			辖区内公共机构	各省、自治区、直辖市、计划单列市、新疆生产建设兵团负责公共机构节能管理工作的机构		

说明：本表明确了报送国家机关事务管理局的各类报表的报送单位和周期、范围、时间、方式。地方公共机构能源资源消费统计相关要求，由县级以上地方各级人民政府管理机关事务工作的机构按照上级要求确定。

请扫码浏览附表6.1～附表6.8。

6.1 公共机构基本情况

以下是涉及公共机构基本情况的指标：

（1）单位详细名称：填写本单位经有关部门批准正式使用的单位全称。

（2）组织机构代码：指根据中华人民共和国国家标准《全国组织机构代码编制规则》GB 11714—1997，由组织机构代码登记主管部门给每个企业、事业单位、机关、社会团体和民办非企业等单位颁发的在全国范围内唯一的、始终不变的法定代码。组织机构代码共9位，无论是法人单位还是产业活动单位，组织机构代码均由8位无属性的数字和1位校验码组成。

1）法定代码填写规定

已经领取了法定代码的法人单位和产业活动单位必须使用法定代码，不得使用临时代码。在填写时，要按照技术监督部门颁发的《中华人民共和国组织机构代码证》上的代码填写（也可参照税务部门颁发的税务登记证书上的税务登记号的后九位填写）。

产业活动单位是本部的，如果没有法定代码，使用法人单位法定代码的前八位，第九位校验码填“B”。

2）临时代码使用规定

尚未领到法定代码或不属于法定代码赋码范围的单位，一律由各级统计部门从临时码段中赋予代码。

统一社会信用代码：指按照《国务院关于批转发展改革委等部门法人和其他组织统一社会信用代码制度建设总体方案的通知》（国发〔2015〕33号）规定，由赋码主管部门给每一个法人单位和其他组织颁发的在全国范围内唯一的、终身不变的法定身份识别码。

统一社会信用代码由十八位的阿拉伯数字或大写英文字母（不使用I、O、Z、S、V）组成，其中：

① 第1位：登记管理部门代码，使用阿拉伯数字或英文字母表示。分为1机构编制；5民政；9工商；Y其他。

② 第2位：机构类别代码，使用阿拉伯数字表示。分为：

机构编制：1机关，2事业单位，3中央编办直接管理机构编制的群众团体；

民政：1社会团体，2民办非企业单位，3基金会；

工商：1企业，2个体工商户，3农民专业合作社；

其他：不再具体划分机构类别，统一用1表示。

③ 第3～8位：登记管理机关行政区划码，使用阿拉伯数字表示。（参照《中华人民共和国行政区划代码》〔GB/T 2260—2007〕）。

④ 第9～17位：主体标识码（组织机构代码），使用阿拉伯数字或英文字母表示。（参照《全国组织机构代码编制规则》〔GB 11714—1997〕）

⑤ 第18位：校验码，使用阿拉伯数字或英文字母表示。

已经领取了统一社会信用代码的法人单位和产业活动单位必须填写统一社会信用代码。在填写时，要按照《营业执照》（证书）上的统一社会信用代码填写。

（3）机构类型：填写公共机构分类代码。其中，国家机关和团体组织填写2位代码，第1个□不予填写；事业单位填写3位代码。具体分类代码如下：

01国家机关，02事业单位（其中：021教育事业、022科技事业、023文化事业、024卫生事业、025体育事业、026其他），03团体组织。

（4）行业代码：根据本单位填写的主要业务活动（或主要产品名称），对照《国民经济行业分类》GB/T 4754—2011填写行业小类代码。详见公共机构节约能源资源网（http：//ecpi. ggj. gov. cn）。

（5）单位地址：本单位所在地的详细地址要求写明单位所在的省（自治区、直辖市）、市（区、地、州、盟）、县（区、市、旗）、乡（镇）以及具体街（路、村）的名称和详细的门牌号码。

（6）单位所在地区划代码：按照单位所在地区的行政区划最新代码进行填写。详见公共机构节约能源资源网（http：//ecpi. ggj. gov. cn）。

（7）联系电话：填写本单位负责节能工作的处（科、室）的联系电话。

（8）其他：填写租用、合用办公建筑等其他需要说明的情况。其中合署办公的单位写明办公区管理单位的名称。

6.2　公共机构能源资源消费状况

以下是涉及公共机构能源资源消费状况的指标：

（1）用地面积：填写本单位经土地和规划许可用于办公的房屋建筑及各类配套、道路、绿化等在内的全部建设用地面积。

（2）建筑面积：填写本单位办公使用的所有建筑面积，职工住宅除外。

（3）用能人数：填写本单位统计周期内的日平均用能人数，包括在岗在编（注册）人员以和各类编外工作人员。计算方法：

用能人数＝本单位办公区域统计周期内的用能人数总量/统计周期的天数。

（4）编制人数：填写本单位经有关部门批准的编制人员数量。

（5）车辆数量：填写本单位统计周期内保障公务活动使用的所有公务用车数量。

（6）汽油车数量：填写本单位使用车辆中消费汽油的车辆数量。

（7）柴油车数量：填写本单位使用车辆中消费柴油的车辆数量。

（8）新能源汽车数量：填写本单位使用车辆中纯电动、插电式混合动力（含增程式）和燃料电池汽车的车辆数量。

（9）电消费数据：填写本单位办公区统计周期内消费的总电量及费用数据。采集方式有两种：

一是从电力供应部门获取数据；

二是逐户调查各用户和统计公用电耗，然后累加获得总消费数据。

（10）水消费数据：填写本单位办公区统计周期内的实际用水量及费用数据。水消费量主要包括自来水、自备井供水、桶装水等。

（11）煤炭消费数据：填写本单位办公区统计周期内的煤炭实际消费量及费用数据。

（12）天然气消费数据：填写本单位办公区统计周期内的天然气实际消费量及费用数据。数据采集有两种方式：

一是集中供应和使用的，由燃气公司提供能耗数据；

二是分户购买、使用的，逐户调查和累加各用户消费量和费用。

（13）汽油消费数据：填写本单位统计周期内办公使用的汽油实际消费量和费用。“其他用油”应填写车辆用油外所需的汽油消费量和费用。

（14）柴油消费数据：填写本单位统计周期内办公使用的柴油实际消费量和费用。“其他用油”应填写因冬季供暖、日常烧制饮用开水等所需的柴油消费量和费用。

（15）液化石油气消费数据：填写本单位统计周期内办公使用的液化石油气实际消费量和费用。

（16）热力消费数据：填写本单位办公区统计周期内的外购热力消费量和费用。热力消费量数据从热量计量装置上获取。未安装热量计量装置的只填写费用。

（17）充电桩数量：填写本单位办公区安装的电动汽车充电桩数量。

（18）可再生能源应用的相关数据：填写本单位办公区统计周期内太阳能光热利用系统、太阳能光电利用系统、浅层地热能利用系统等相关数据。

（19）其他能源数据：填写本单位办公区统计周期内使用的其他能源数据，消费量参照相应折算系数折算成吨标准煤，并在“（ ）”中填写本制度中未列出的能源的类型。

6.3 公共机构数据中心机房能源消费状况

以下是涉及公共机构数据中心机房能源资源消费状况的指标：

（1）数据中心机房：指本单位专门用于放置数据处理、数据存储、网络传输等IT设备，并有不间断电源、空气调节等保障设备的独立建筑区域。

（2）机房建筑面积：填写本单位数据中心机房使用及其配套用房的建筑面积。

（3）设备总功率：填写数据中心机房各类IT设备总功率、空气调节设备功率、机房配电及附属设备功率的和。

6.4　公共机构采暖能源资源消费状况

以下是涉及公共机构采暖能源资源消费状况的指标：

（1）采暖面积：填写本单位办公场所中实施冬季采暖的建筑面积。

（2）独立供暖面积：填写本单位办公场所中由本单位独立供暖的建筑面积。

（3）集中采暖面积（按面积收费）：填写本单位办公场所中按面积缴纳采暖费用的建筑面积。

（4）集中采暖面积（按热量收费）：已安装热计量装置，按热消费量收费的单位，填写热计量收费的建筑面积。

（5）独立供暖供热能力：填写本单位独立供暖的锅炉设备的额定供暖能力。

附录7　能源审计相关表格

（请扫码浏览）

附录8　主要省市行政区划代码

代码	名称	代码	名称
110000	北京市	130800	承德市
110100	市辖区	130900	沧州市
110200	县	131000	廊坊市
120000	天津市	131100	衡水市
120100	市辖区	140000	山西省
120200	县	140100	太原市
130000	河北省	140200	大同市
130100	石家庄市	140300	阳泉市
130200	唐山市	140400	长治市
130300	秦皇岛市	140500	晋城市
130400	邯郸市	140600	朔州市
130500	邢台市	140700	晋中市
130600	保定市	140800	运城市
130700	张家口市	140900	忻州市

续表

代码	名称	代码	名称
141000	临汾市	220700	松原市
142300	吕梁地区	220800	白城市
150000	内蒙古自治区	222400	延边朝鲜族自治州
150100	呼和浩特市	230000	黑龙江省
150200	包头市	230100	哈尔滨市
150300	乌海市	230200	齐齐哈尔市
150400	赤峰市	230300	鸡西市
150500	通辽市	230400	鹤岗市
150600	鄂尔多斯市	230500	双鸭山市
150700	呼伦贝尔市	230600	大庆市
152200	兴安盟	230700	伊春市
152500	锡林郭勒盟	230800	佳木斯市
152600	乌兰察布盟	230900	七台河市
152800	巴彦淖尔盟	231000	牡丹江市
152900	阿拉善盟	231100	黑河市
210000	辽宁省	231200	绥化市
210100	沈阳市	232700	大兴安岭地区
210200	大连市	310000	上海市
210300	鞍山市	310100	市辖区
210400	抚顺市	310200	县
210500	本溪市	320000	江苏省
210600	丹东市	320100	南京市
210700	锦州市	320200	无锡市
210800	营口市	320300	徐州市
210900	阜新市	320400	常州市
211000	辽阳市	320500	苏州市
211100	盘锦市	320600	南通市
211200	铁岭市	320700	连云港市
211300	朝阳市	320800	淮安市
211400	葫芦岛市	320900	盐城市
220000	吉林省	321000	扬州市
220100	长春市	321100	镇江市
220200	吉林市	321200	泰州市
220300	四平市	321300	宿迁市
220400	辽源市	330000	浙江省
220500	通化市	330100	杭州市
220600	白山市	330200	宁波市

续表

代码	名称	代码	名称
330300	温州市	360000	江西省
330400	嘉兴市	360100	南昌市
330500	湖州市	360200	景德镇市
330600	绍兴市	360300	萍乡市
330700	金华市	360400	九江市
330800	衢州市	360500	新余市
330900	舟山市	360600	鹰潭市
331000	台州市	360700	赣州市
331100	丽水市	360800	吉安市
340000	安徽省	360900	宜春市
340100	合肥市	361000	抚州市
340200	芜湖市	361100	上饶市
340300	蚌埠市	370000	山东省
340400	淮南市	370100	济南市
340500	马鞍山市	370200	青岛市
340600	淮北市	370300	淄博市
340700	铜陵市	370400	枣庄市
340800	安庆市	370500	东营市
341000	黄山市	370600	烟台市
341100	滁州市	370700	潍坊市
341200	阜阳市	370800	济宁市
341300	宿州市	370900	泰安市
341400	巢湖市	371000	威海市
341500	六安市	371100	日照市
341600	亳州市	371200	莱芜市
341700	池州市	371300	临沂市
341800	宣城市	371400	德州市
350000	福建省	371500	聊城市
350100	福州市	371600	滨州市
350200	厦门市	371700	荷泽市
350300	莆田市	410000	河南省
350400	三明市	410100	郑州市
350500	泉州市	410200	开封市
350600	漳州市	410300	洛阳市
350700	南平市	410400	平顶山市
350800	龙岩市	410500	安阳市
350900	宁德市	410600	鹤壁市

续表

代码	名称	代码	名称
410700	新乡市	431100	永州市
410800	焦作市	431200	怀化市
410900	濮阳市	431300	娄底市
411000	许昌市	433100	湘西土家族苗族自治州
411100	漯河市	440000	广东省
411200	三门峡市	440100	广州市
411300	南阳市	440200	韶关市
411400	商丘市	440300	深圳市
411500	信阳市	440400	珠海市
411600	周口市	440500	汕头市
411700	驻马店市	440600	佛山市
420000	湖北省	440700	江门市
420100	武汉市	440800	湛江市
420200	黄石市	440900	茂名市
420300	十堰市	441200	肇庆市
420500	宜昌市	441300	惠州市
420600	襄樊市	441400	梅州市
420700	鄂州市	441500	汕尾市
420800	荆门市	441600	河源市
420900	孝感市	441700	阳江市
421000	荆州市	441800	清远市
421100	黄冈市	441900	东莞市
421200	咸宁市	442000	中山市
421300	随州市	445100	潮州市
422800	恩施土家族苗族自治州	445200	揭阳市
429000	省直辖行政单位	445300	云浮市
430000	湖南省	450000	广西壮族自治区
430100	长沙市	450100	南宁市
430200	株洲市	450200	柳州市
430300	湘潭市	450300	桂林市
430400	衡阳市	450400	梧州市
430500	邵阳市	450500	北海市
430600	岳阳市	450600	防城港市
430700	常德市	450700	钦州市
430800	张家界市	450800	贵港市
430900	益阳市	450900	玉林市
431000	郴州市	451000	百色市

续表

代码	名称	代码	名称
451100	贺州市	520400	安顺市
451200	河池市	522200	铜仁地区
451300	来宾市	522300	黔西南布依族苗族自治州
451400	崇左市	522400	毕节地区
460000	海南省	522600	黔东南苗族侗族自治州
460100	海口市	522700	黔南布依族苗族自治州
460200	三亚市	530000	云南省
469000	省直辖县级行政单位	530100	昆明市
500000	重庆市	530300	曲靖市
500100	市辖区	530400	玉溪市
500200	县	530500	保山市
510000	四川省	530600	昭通市
510100	成都市	530700	丽江市
510300	自贡市	532300	楚雄彝族自治州
510400	攀枝花市	532500	红河哈尼族彝族自治州
510500	泸州市	532600	文山壮族苗族自治州
510600	德阳市	532700	思茅地区
510700	绵阳市	532800	西双版纳傣族自治州
510800	广元市	532900	大理白族自治州
510900	遂宁市	533100	德宏傣族景颇族自治州
511000	内江市	533300	怒江傈僳族自治州
511100	乐山市	533400	迪庆藏族自治州
511300	南充市	533500	临沧地区
511400	眉山市	540000	西藏自治区
511500	宜宾市	540100	拉萨市
511600	广安市	542100	昌都地区
511700	达州市	542200	山南地区
511800	雅安市	542300	日喀则地区
511900	巴中市	542400	那曲地区
512000	资阳市	542500	阿里地区
513200	阿坝藏族羌族自治州	542600	林芝地区
513300	甘孜藏族自治州	610000	陕西省
513400	凉山彝族自治州	610100	西安市
520000	贵州省	610200	铜川市
520100	贵阳市	610300	宝鸡市
520200	六盘水市	610400	咸阳市
520300	遵义市	610500	渭南市

续表

代码	名称	代码	名称
610600	延安市	632700	玉树藏族自治州
610700	汉中市	632800	海西蒙古族藏族自治州
610800	榆林市	640000	宁夏回族自治区
610900	安康市	640100	银川市
611000	商洛市	640200	石嘴山市
620000	甘肃省	640300	吴忠市
620100	兰州市	640400	固原市
620200	嘉峪关市	650000	新疆维吾尔自治区
620300	金昌市	650100	乌鲁木齐市
620400	白银市	650200	克拉玛依市
620500	天水市	652100	吐鲁番地区
620600	武威市	652200	哈密地区
620700	张掖市	652300	昌吉回族自治州
620800	平凉市	652700	博尔塔拉蒙古自治州
620900	酒泉市	652800	巴音郭楞蒙古自治州
621000	庆阳市	652900	阿克苏地区
621100	定西市	653000	克孜勒苏柯尔克孜自治州
622600	陇南地区	653100	喀什地区
622900	临夏回族自治州	653200	和田地区
623000	甘南藏族自治州	654000	伊犁哈萨克自治州
630000	青海省	654200	塔城地区
630100	西宁市	654300	阿勒泰地区
632100	海东地区	659000	省直辖行政单位
632200	海北藏族自治州	710000	台湾省
632300	黄南藏族自治州	810000	香港特别行政区
632500	海南藏族自治州	820000	澳门特别行政区
632600	果洛藏族自治州		

附录9 数据编码规则示例

建筑代码示例 附表 9.1

序号	建筑所在地和建筑描述分段与组合示例	代码
1	北京市	110100
2	北京市 东城区	110101
3	北京市 朝阳区	110105
4	北京市 东城区 第 001 号办公建筑	110101 A 001
5	北京市 朝阳区 第 999 号宾馆饭店建筑	110105 C 999

能耗数据编码示例 **附表 9.2**

序号	能耗数据的描述分段与组合示例	编码
1	北京市 东城区 第 001 号商场建筑 电 照明插座用电	110101 B 00101 A 1 0
2	吉林省长春市 南关区 第 009 号办公建筑 电 空调用电 冷热站 冷却泵	220102 A 009 01 B 1 B
3	北京市 朝阳区 第 099 号宾馆饭店建筑 水	110105 C 099 02 0 0 0

能耗数据采集点识别编码示例 **附表 9.3**

序号	能耗数据采集端识别编码的描述分段与组合示例	编码
1	北京市 朝阳区 第 025 号医疗卫生建筑 第 08 号数据采集器 第 0003 号采集点	110105 E 025 08 0003
2	吉林省长春市 南关区 第 009 号办公建筑 第 25 号数据采集器 第 0112 号采集点	220102 A 009 25 0112

附录 10 节水管理参考值

节水管理可参考以下规定：

(1) 供水系统漏损量不应大于总用水量的 5%。

(2) 清洁绿化用水量不宜大于终端用水器具出水量与供水系统合理漏水量两者总和的 4%。

(3) 不可预见用水量不宜大于终端用水器具出水量、供水系统合理漏水量和清洁绿化用水量三者总和的 8%。

(4) 实际用水量超出当地用水定额的用水项目占总用水项目的比率不应大于 10%。

(5) 单位耗水量超出当地用水定额的比率不应大于 10%。

(6) 年度内爆管等水务突发事件发生超出 2 件以上，应酌情考虑换管或部分换管。

(7) 末端用水器具设备漏水件数占总用水器具设备件数的比率不应大于 2%。

(8) 水计量器具定期检定（校正），凡经检定（校准）不符合要求或者超过检定周期的水计量器具一律不得使用。

(9) 压力检测仪表和流量检测仪器准确检测率不宜小于 98%，压力调节设备正常调节比例率不宜小于 98%，阀门正常启闭率不宜小于 95%。

(10) 终端用水器具正常运行率不宜小于 98%。

(11) 计算机网络系统采集数据点位占应该采集数据总点位的比率不宜小于 95%，所有采集点位都应该能正常传输和显示数据。

(12) 给排水综合管线图与给排水管道实际走向吻合度不宜小于 95%。

参 考 文 献

[1] 龙惟定，武涌．建筑节能技术[M]. 北京：中国建筑工业出版社，2009.
[2] 中华人民共和国国家质量监督检验检疫总局，中国国家标准化管理委员会．GB/T 34913—2017 民用建筑能耗分类[S]. 北京：中国标准化出版社，2017.
[3] 中国建筑节能协会．T/CABEE 003—2020 公共建筑能源管理技术规程[S]，2020.
[4] 住房和城乡建设部．民用建筑能源资源消耗统计报表制度[EB/OL]，www. mohurd. gov. cn 2015.
[5] 国家统计局．公共机构能源资源消费调查统计制度 [EB/OL]，www. stats. gov. cn 2019.
[6] 住房城乡建设部．公共建筑能源审计导则(建办科[2016]65 号)[Z]，2016.
[7] 住房和城乡建设部．国家机关办公建筑和大型公共建筑能耗监测系统分项能耗数据采集技术导则[R]，2008.
[8] 丁勇．公共建筑节能改造技术与应用——以重庆市为例[M]. 北京：科学出版社，2019.
[9] 重庆市城乡建设委员会，重庆市公共建筑节能改造节能量核定办法(渝建〔2018〕131 号) [Z]，2018.
[10] 中华人民共和国住房和城乡建设部．JGJ 176—2009 公共建筑节能改造技术规范[S]. 北京：中国建筑工业出版社，2009.
[11] 中华人民共和国住房和城乡建设部．JGJ/T 129—2012 既有居住建筑节能改造技术规程[S]. 北京：中国建筑工业出版社，2012.
[12] 中华人民共和国住房和城乡建设部，国家市场监督管理总局．GB/T 51366—2019 建筑碳排放计算标准[S]. 北京：中国建筑工业出版社，2019.
[13] 住房城乡建设部建筑节能与科技司．公共建筑能源审计导则[Z]，2016.
[14] 中华人民共和国住房和城乡建设部，中华人民共和国国家质量监督检验检疫总局．GB/T 51141—2015 既有建筑绿色化改造评价标准[S]. 北京：中国建筑工业出版社，2015.
[15] 中国建筑科学研究院．T/CECS 465—2017 既有建筑绿色改造技术规程[S]. 北京：中国计划出版社，2017.
[16] 中华人民共和国住房和城乡建设部，国家市场监督管理总局．GB/T 50378—2019 绿色建筑评价标准[S]. 北京：中国建筑工业出版社，2019.
[17] 中华人民共和国国家质量监督检验检疫总局，中国国家标准化管理委员会．GBT 28750—2012 节能量测量和验证技术通则[S]. 北京：中国标准化出版社，2012.
[18] 中华人民共和国住房和城乡建设部，中华人民共和国国家质量监督检验检疫总局．GB/T 51285—2018 建筑合同能源管理节能效果评价标准[S]. 北京：中国建筑工业出版社，2018.